D1667399

Hilde während einer Exkursion in Olympia, Griechenland, 1980

Michael Jäger

Über rote Ampeln, Astronautennahrung und Krebs

für Johanna und Christin,

die in schwierigsten Zeiten vorbildlich
zusammengehalten haben

Gestaltung: Frechener Grafik-Atelier, Silke Schaufuß

Herstellung und Verlag:
BoD - Books on Demand, Norderstedt
ISBN 978-3-7357-9782-7

Was hier zu lesen ist, scheint für niemanden geeignet zu sein. Nur ein einziges Mal wird von einem Fußballspiel berichtet, von komischen Ereignissen ist selten die Rede, die moderne Computertechnik wird nur am Rand erwähnt, und das Geldverdienen wird beim Lesen der folgenden Seiten eher ver- als erlernt. Ich schildere, was ich erfahren habe, während der mir vertrauteste Mensch auf Erden erkrankt und stirbt. Der Kreis der Personen, der sich dafür interessiert, ist winzig klein. So wünsche ich den Neugierigen Mut, einen starken Willen und ein wenig Ausdauer, zu diesem schmalen Buch zu greifen und es durchzulesen. Vielleicht wird es entgegen allen Erwartungen auch ein wenig Freude bereiten.

6. Mai 2011

„Sieht doch gut aus!" Mit diesen Worten empfängt uns Herr Prof. Dr. X.

Auf Anregung einer Freundin, die Ärztin ist, fahren wir nach M., um dort das Universitätskrankenhaus aufzusuchen. Wir beide, meine Frau Hilde und ich, hatten schon die Ärzte der Uniklinik in K. um Rat gefragt. Diese hatten eine Diagnose gestellt, sich aber nicht hundertprozentig festgelegt. Wir sind uns also nicht völlig sicher, um welche Form der Erkrankung es sich handelt. Wir wollen uns eine zweite Meinung einholen und werden nun in Erfahrung bringen, ob die Ärzte in diesem Krankenhaus in M. sich der Meinung ihrer Kollegen in K. anschließen. Darüber hinaus hätten wir gerne von den Fachleuten hier gehört, ob und wie die Erkrankung zu behandeln ist und welche Gegenmittel Aussicht auf Erfolg haben.

Seit einem Monat haben wir von der Krankheit erfahren. Wir haben inzwischen Übung darin und wissen, wie wir einen solchen Besuch eines Ärzteteams vorbereiten. Zunächst ist die Überweisung beim Hausarzt zu beantragen und abzuholen. In der Uniklinik in M. wird nach einem Termin gefragt, der später noch bestätigt werden

muss. Die zuständigen Personen in M. werden benachrichtigt, und es ist wichtig, dass der Termin wegen der Schwere der Erkrankung möglichst zeitnah erfolgen soll. Die ärztlichen schriftlichen Unterlagen und Fotos werden hin- und hergeschickt. Die ausgedruckten vollständigen Dokumente und die Versicherungskarte dürfen nicht vergessen werden.

Nach mehrstündiger Autofahrt über die Autobahn und dank der Hinweisschilder ab der Autobahnabfahrt erreichen wir am Stadtrand den Parkplatz der Uniklinik, einen Betonbau der 70er Jahre mit zwei turmartigen Zylindern als beherrschenden Gebäudeeinheiten und einem langen, sie verbindenden Querriegel. Zum ersten Mal ziehe ich hier einen Parkschein an der Schranke zum Parkplatz und fahre so nah wie möglich an das Gebäude heran, leider immer noch nicht nah genug für Hilde. Weite Wege sollen eigentlich vermieden werden, da Hilde stark gehbehindert ist und sich mit Krücken fortbewegen muss. Für sie ist es ein mühseliger Weg bis zum Eingang, von dort zum Info-Schalter auf derselben Etage, von da aus mit dem Aufzug zur höheren Etage, dann wiederum zum weiterführenden Informationszentrum in der Mitte eines weiten hallenartigen Innenraums und schließlich zur Anmeldung, wo Hildes Termin vermerkt ist und uns der Verlauf der weiteren Stationen mitgeteilt wird. In der letzten Zeit lernen wir, was es heißt, weite Strecken zu Fuß zurückzulegen und gleichzeitig behindert zu sein.

Es ist für uns immer wieder erstaunlich, wie wenig die Krankenhäuser den Kranken angepasst sind. Hilde hat nach der letzten erfolgreichen Anmeldung sich bei verschiedenen Ärzten im Krankenhaus vorzustellen. Jedesmal folgen die üblichen Vorgänge: Unterlagen vorlegen, warten, aufgerufen werden, zur nächsten Stelle und Person geschickt werden, dort warten, in einen Raum für Verwaltungszwecke geführt werden, wo die Daten von einer freundlichen Person in den Computer eingegeben werden und wir die Daten entweder bestätigen oder verändern müssen usw. Die entsprechenden Räume befinden sich in mehreren, teilweise weit voneinander entfernten Abteilungen. Um die verschiedenen Ärzte erreichen zu können, muss also die eine Abteilung verlassen und eine andere aufsucht werden, wir gehen aus einem Gebäude hinaus und betreten ein anderes, manchmal benutzen wir provisorisch hergerichtete Gänge oder durchqueren Außengelände. In einem fünfzig Meter langen, fensterlosen Verbindungsgang, der einem endlosen Tunnel gleicht und zwischen Zentralbau und einem umgebauten Neubau angebracht ist, gibt es keine Sitzgelegenheiten. Es sind schlichtweg keine Bänke oder Sitze vorhanden. Wir können nicht glauben, dass niemand im Krankenhaus hier an Sitzgelegenheiten gedacht hat, niemand sie hier angebracht hat. Dass Gehbehinderte diesen Weg benutzen und die sich anschließenden Räume und Gebäudeteile aufsuchen müssen, scheint vergessen worden zu sein. Hilde, auf Krücken angewiesen, ist erschöpft, sie kann kaum noch stehen und nicht mehr

gehen und fragt, wie weit es noch ist. Ich laufe voraus, um nach der nächsten Ecke des Ganges zu sehen, wo sich der angestrebte Raum befindet und wie weit er entfernt ist. Wir ermuntern uns gegenseitig, und Hilde erreicht mit letzter Kraft den gesuchten Arzt, in dessen Zimmer glücklicherweise niemand wartet, so dass sie sich auf einen Stuhl setzen kann, die üblichen Formalitäten erledigt, ihr Anliegen vorträgt, wiederum Unterlagen abgibt, Daten in den Computer eingeben lässt, Formulare ausfüllt und Schriftstücke unterschreibt. Wir spüren die Gefahr, unversehens zu einem Rad der Bürokratie zu werden. Der Neuankömmling wird an diese Einrichtung Krankenhaus, an die Versicherungen, an die Gruppen von Ärzten, Krankenschwestern, Experten jeglicher Ausrichtung übergeben. Irgendwie besteht die Neigung, Objekt eines unüberschaubaren, ursprünglich als Unterstützung gedachten sozialen Systems und dort Leidtragende von zwangsläufig überforderten Berufstätigen zu werden. Es ist nicht klar, wer eigentlich für wen da ist. Sind all diese Berufstätigen hier wirklich für die kranke Person da? Sind all diese Bestimmungen und Einrichtungen wirklich für den Patienten von Nutzen? Anmeldungen, Versicherungskarte, Überweisung, Gebühren, Listen, Ordner, Fotos, Computereinträge, dies alles zum wiederholten Mal der oder die Kranke als Teil einer stetig fortlaufenden, sich selbst erhaltenden Maschinerie.

Nach den verschiedenen Voruntersuchungen suchen wir nach einer erneuten Anmeldung im Hauptgebäude

einen Raum auf und erledigen dort die üblichen Formalitäten. Die junge Frau, die am Computer gesessen und die Daten aufgenommen hat, öffnet die Tür zu einem anschließenden Raum und führt uns zu den Ärzten, von denen es heißt, sie seien für uns zuständig und auf Hildes Krankheit spezialisiert. Nach Monaten der Beschwerlichkeiten, nach Konsultationen von allgemeinen Ärzten, Fachärzten, Krankenhausärzten, nach Besuchen von Physiotherapeuten, Orthopäden und Gymnastiklehrern, nach Erhalt einer Diagnose, die kaum schlechter hätte ausfallen können, steht Hilde auf der Türschwelle endlich zwei, einige Meter entfernten Ärzten gegenüber, die in der Mitte des fensterlosen, von Neonröhren erhellten Raums auf Stühlen hinter einem Schreibtisch und neben einer Liege sitzen und uns offensichtlich erwarten. Die beiden mit weißen Kitteln bekleideten, hinter dem Schreibtisch sitzenden Personen blicken uns an. „Sieht doch gut aus!" spricht uns Herr Prof. Dr. X an, neben ihm sitzt sein jüngerer Kollege Herr Dr. Y.

Halt! Dies sind die Augenblicke, die schnell vorübergehen und doch eine so lange Wirkung haben. Diese Augenblicke sind wichtig, sie sind wie Weggabelungen, die die zukünftigen Richtungen vorgeben. In diesem Augenblick, nach dem Wirrwarr der Verfügungen und Verordnungen und innerhalb neuer Entwicklungen muss man einfach innehalten. Hier ist der Punkt gekommen, selber zu überlegen und an sich selbst zu denken. Hilde ist die Betroffene, sie ist die Patientin, sie

ist nicht nur ein Teil vorgezeichneter Untersuchungsabläufe. Wenn sie keinen eigenen Willen bewahrt, wenn sie nicht die Richtung mitbestimmt, dann geht sie verloren. Daher bedarf der Ausspruch vom guten Aussehen einer Erwiderung.

Zum Glück ist Hilde von Natur aus schlagfertig. Im richtigen Augenblick zeigt sie ihren Widerwillen und erwidert, indem sie mit einer energischen Körperhaltung ihr Befremden über diesen Ausspruch ausdrückt, dass sie unter „gut aussehen" etwas anderes verstünde. Sowohl die Patientin als auch der Arzt kennen die Diagnose: ein etwa faustgroßer Tumor sitzt in Hildes Beckengegend! Herr Prof. Dr. X und sein Kollege reagieren lächelnd und mit den Händen beschwichtigend. Mir ist entfallen, ob die junge Frau aus dem Nebenraum uns gegenseitig vorgestellt hat oder wir uns den Ärzten oder die Ärzte sich uns vorgestellt haben. Ich weiß nicht mehr, ob wir uns zur Begrüßung die Hände gereicht oder wenigstens einen Guten Tag gewünscht haben, ich nehme es an. Immerhin hat uns der sprechende Mediziner angeblickt, so viel an Aufmerksamkeit hat er uns gespendet. Wie wir in der Tür stehen und den in der Raumesmitte sitzenden, mit den weißen Kitteln bekleideten, vom Neonlicht erhellten Personen vorgeführt werden - diese ganze Szene hat etwas Theatralisches oder Filmreifes. Wir haben Schwierigkeiten, dies als uns betreffende Wirklichkeit zu erfassen. Aber dieser Augenblick und die Worte aus dem Mund des verantwortlichen Mediziners sind Teile einer unvergesslichen

Wirklichkeit.

Nach unserem Bericht der bisherigen Sachlage zeigen sich beide Herren erstaunt und fast schon amüsiert, dass die Kollegen eine Operation in der Uniklinik in K. vorgeschlagen haben. Ihnen sei nicht bekannt, dass jemand diese Operation dort durchzuführen imstande sei. Wer denn der geeignete Chirurg dort sei? Sie befürworten auch in M. eine solche Operation, pro Jahr würden sie hier mehr als fünfzig solcher Operationen durchführen. Wir erfahren nachträglich, dass in der zuerst aufgesuchten Uniklinik von K. eine solche Operation äußerst selten durchgeführt wird und das Personal dort nicht darauf spezialisiert ist. Später hören wir, dass innerhalb der Klinik von K. nur ein einziges Mal pro Jahr auf diese Weise operiert wird. Während wir hier in M. vor den beiden Ärzten sitzen, beschleichen uns mulmige Gefühle: Hatten die Ärzte in K. vergessen, uns darauf hinzuweisen, dass sie keine Erfahrung in der Behandlung dieser Krankheit besitzen und die Fachleute woanders arbeiten? Hielt man es nicht für notwendig, die schwerkranke Patientin darüber aufzuklären, sich zu einem anderen Krankenhaus zu begeben, weil sie dort grundsätzlich besser aufgehoben sei? Bei der Frage um Leben oder Tod des Patienten sollten die eigensinnigen Interessen von Ärzten eigentlich keine Bedeutung haben.

Herr Prof.X und Herr Dr. Y erklären uns die schon von den Kollegen aus K. erläuterte, angestrebte Operation.

In der Vorgehensweise sind sich alle beteiligten Ärzte also einig. Wir wissen jetzt, was zu tun ist und geben uns in die Hände des verhältnismäßig jungen Mediziners Herrn Prof. X. Ich hätte ihn auf ein Alter zwischen 50 und 60 Jahren geschätzt, Hilde sieht ihn als 40 jährigen Mann und hat damit Recht. Er hat über diese Art von Operation verschiedene Arbeiten veröffentlicht und trotz seines geringen Alters schon jahrelang an leitender Stelle gearbeitet, er gilt als eine Koryphäe auf diesem Gebiet. Operieren wird er können. Tatkraft beweist er an Ort und Stelle. Der Operationstermin wird schon festgelegt, die Risiken werden nochmals dargestellt, noch folgende Untersuchungsergebnisse, welche die Operation und die weitere Vorgehensweise beeinflussen könnten, werden in Aussicht gestellt.

Auch heute weiß ich noch nicht, wie ich dieses „Sieht doch gut aus!" bewerten soll. Ich bin nicht entrüstet, es handelt sich immerhin um eine Begrüßung, die frei von schleimiger, falscher Höflichkeit, aber hoffentlich nicht frei von ehrlicher Hilfsbereitschft und größtmöglicher Bemühung ist. Vielleicht wollte der Sprecher eine Art von Optimismus ausstrahlen und er wollte meiner Frau Trost zusprechen oder ihr Hoffnung verleihen. Möglicherweise wollte er sagen, dass trotz der bedrohlichen Krankheit die Zukunft nicht aussichtslos sei, dass er, der Meister seines Fachs, sich in der Lage sähe, mit seinen Kräften das Beste herauszuholen. Vielleicht wollte er vermitteln, dass eine Besserung nicht auszuschließen,

sondern letztendlich eine Heilung zu erreichen sei. Andererseits aber können ihm diese Worte in einer allzu leichtfertigen und lockeren Haltung auch nur einfach aus seinem Mund hinausgerutscht, zu uns herausgerutscht sein. Ärzte sind eben auch nur Menschen, und die bereitliegenden klingelnden Handys unterbrachen immer wieder die Untersuchungen und Gespräche, und wir bekamen mit, dass es sich bei den Anrufen nicht nur um fachliche Anliegen handelte. Vielleicht dachte dieser Arzt schon an Feierabend oder an sein Hobby und konnte sich nicht entsprechend auf die Patientin einstellen. Oder die Routine des Berufs trieb ihn dazu, diesen Fall wie jeden anderen zu betrachten und die ungewöhnliche Schwere gerade dieses Falls außer Acht zu lassen und zu übersehen. Letztendlich ist es aber auch möglich, dass der Arzt es vollständig ernst gemeint hat: seiner Ansicht nach und seinem Wissen und seiner nicht geringen Erfahrung zufolge sah es zu diesem Zeitpunkt „gut" aus, aber, wie es sich zeigen sollte, ging es nicht gut zu Ende. Dann hätte der Schein getrogen, denn eineinhalb Jahre nach dieser Begrüßung ist die Patientin an der Krankheit gestorben, die diagnostiziert wurde. Irgendetwas stimmt doch hier nicht. Irgendetwas in dem Verhältnis des Arztes zu der Patientin, irgendetwas in der Auffassung des Personals zum Beruf kann doch hier nicht stimmen. Hilde hat Recht: unter „gut aussehen" stellt man sich etwas anderes vor. Daran denke ich häufig. Ich behalte diese Worte in meinem Gedächtnis. Tagtäglich kommen sie in meine Erinnerung.

Ende März 2011

Begonnen hat das Unwohlsein auf der Rückfahrt von der Weihnachtsfeier meines Bruders im Schwarzwald. Soweit ich mich erinnere, klagte Hilde zum ersten Mal über Schmerzen beim Sitzen. Die letzte Zeit war anstrengend gewesen: unser Kind war bis zum vorletzten Tag vor Heiligabend zur Schule gegangen, in der Galerie bearbeiteten wir die letzten und selbstverständlich dringlichsten Bestellungen vor Heiligabend, und ich war im Auktionshaus durch die sogenannte Weihnachtsauktion beruflich stark eingespannt. Außerdem mussten für die bevorstehenden Feiertage noch Vorbereitungen getroffen und Geschenke besorgt werden, und wir hatten noch an die anstehenden Kurzreisen zu meinem Bruder und mit Freunden zu denken. Stress, so dachten wir, ist die Ursache dieses Unwohlseins. Die kaum auszuhaltende Last des mehrstündigen Sitzens im Auto schien so seine Erklärung zu finden. Bei den gemeinsamen Ferien mit Freunden zwischen Weihnachten und Neujahr musste Hilde sich beim Spielen am Küchentisch immer wieder neue Sitzgelegenheiten suchen. Das Gehen wurde zu einer Anstrengung, das Wandern musste vorzeitig abgebrochen werden. Die Störungen der Gesundheit wurden beunruhigend.

Im Januar sinnt Hilde selbst auf Abhilfe. Wir gehen häufiger schwimmen und treiben mehr Sport. Hilde sucht eine Physiotherapeutin, einen Orthopäden und einen Chiropraktiker auf und läßt sich durch Akupunktur behandeln. Manchmal geht es ihr nach einer Behandlung kurzzeitig besser, langfristig aber verschlechtert sich der Zustand. Zur Karnevalszeit fahren wir drei, Hilde, Johanna und ich, mit dem Zug nach Berlin und erkunden die Stadt. Wir vermeiden längere Laufwege. Leider werden Umwege aus Unkenntnis gemacht, manchmal lese ich schlichtweg den Stadtplan falsch. Darauf reagiert Hilde deutlich verärgerter als früher, sie wird sichtbar anfälliger gegenüber diesen Anstrengungen und insgesamt reizbarer. Sie, die körperlich fit gewesen war, gerne zu Fuß ging, mit dem Fahrrad fuhr oder mit den Freunden wanderte, braucht immer häufiger Ruhepausen. Trotzdem arbeiten wir, nach dem Ausflug wieder zu Hause zurückgekehrt, im normalen Rhythmus und behalten ihn so weit wie möglich bei. Ich arbeite im Auktionshaus, meine Frau leitet die Galerie, und unsere Tochter besucht die Schule.

Wenn ich mir Hildes Kalender durchsehe, dann fällt mir zunächst die wachsende Häufung von Terminen zu dieser Zeit auf. Im Januar gibt es nur einmal in der Woche Behandlungstermine, im Februar schon dreimal wöchentlich, im März fast täglich. Im Kalender sind mehrmals aufgeführt: Urologe, Radiologe, Treffen Schwimmen, Sporttherapie, Orthopäde, Akupunktur, Physiotherapie, Chiropraxis usw. Ausgerechnet zu die-

ser Zeit nehme auch ich viele Arzttermine in Anspruch, weil ich meinem erkrankten älteren Bruder eine Niere spenden will und mich deshalb von Kopf bis Fuß untersuchen lassen muss. Meine Spendertauglichkeit wird geprüft, und als diese vom medizinischen Standpunkt erwiesen ist, fahre ich noch im März nach Karlsruhe. Dort gibt es noch einen Termin einer Gewissensprüfung, worin ich meine Gründe für die Bereitschaft, meine Niere zu spenden, darlege. Hilde und ich haben also täglich damit zu tun, Ärzte aufzusuchen und uns untersuchen zu lassen. Ende März wird bei Hilde ein MRT durchgeführt.

30. März 2011

„Worst case!"... Ich bin auf meiner Arbeitsstelle, halte das Telefon in der Hand und höre, was Hilde mir sagt. Sie teilt mir mit, dass sie eben von ihrer Krebserkrankung erfahren hat. Warum sie gleich zu Beginn des Telefongesprächs einen englischen Ausdruck gebraucht, weiß ich nicht. Er ist mir aufgefallen, und da ich über diese blödsinnige Kleinigkeit noch nachdenke, brauche ich, begriffsstutzig wie ich bin, längere Zeit um dahinterzukommen, was sie mir eigentlich erklärt und was dahintersteckt. Mir dämmert es allmählich, dass der schlimmste Fall eingetreten ist und dass die Ursache für das ständige Unwohlsein, für die monatelangen Beschwerden, für die nicht mehr zu verbergenden Bewegungsschwierigkeiten und die immer heftiger werdenden Schmerzen gefunden ist. Ich ahne nicht, wie schnell sich unser Leben in der Folgezeit verändern wird. Ich habe noch gar nicht richtig verstanden, was es heißt, lebensbedrohlich erkrankt zu sein.

Hilde informiert sich selbst über ihre Krankheit. Sie besucht den Orthopäden, mit dem sie sich vor kurzer Zeit gestritten hat. Dieser Arzt hatte ihr weiterhin mit Akupunktur zugesetzt, obwohl Hilde nach den Behandlungen keine Linderung, sondern im Gegenteil

eine Verschlechterung ihres Zustandes wahrgenommen hatte. Hilde wollte keine weiteren derartigen Behandlungen, und der Arzt reagierte verärgert. In dieser ohnehin schon unangenehmen Athmosphäre vereinbart Hilde einen Termin mit dem Arzt, um von den Ergebnissen der Kernspintomographie in Kenntnis gesetzt zu werden. Nach längerem Warten im Wartezimmer, das Hilde bestimmt nicht leichtfällt, wird sie in das Arztzimmer geführt, wo sie alleingelassen warten muss. Dann gibt es einen jener Augenblicke, die unvergesslich sind. Sie, alleine in dem Arztzimmer sitzend, liest auf dem ihr zugerichteten, einsehbaren Bildschirm des Computers ihren Namen. Sie sieht genauer hin und erfährt ihre Diagnose. Sie bringt somit über sich in Erfahrung, was ihr der später eintretende Arzt dann nicht mehr zu sagen braucht. Keine andere Person informiert sie über ihre Krankheit, sie tut es selbst. Durch die Kernspintomographie hat man einen riesigen, die Beckenschaufel zerstörenden Weichteilprozess festgestellt, bestehend aus Tumoranteilen, die entweder einem Weichteiltumor angehören oder vom Knochen ausgehen. Der nun eintretende Orthopäde, der vorher wegen der abgebrochenen Akupunkturbehandlung seinen Ärger spüren ließ, ist verlegen und nur kurze Zeit anwesend. Er ist froh, die Patientin schnell aus seiner Praxis entlassen zu können. Hildes Besuch bei ihm dauert nicht lange.

Ende März / April 2011

Sofort werden alle bisherigen Maßnahmen gestoppt, da unklar ist, was gegen die Krankheit getan werden muss. Schon am folgenden Tag organisiert eine Freundin von uns, die im Krankenhaus arbeitet, eine Biopsie. Unsere Freundin S. hilft uns nun, wo sie kann, und setzt alles in Bewegung, was im Bereich ihrer Möglichkeiten liegt. Ihr Ehemann ist ebenfalls Arzt und hilft außerhalb seiner Arbeitszeiten. Einer seiner Schwerpunkte liegt in einer besonderen Art der Akupunkturbehandlung, worin er sich hat ausbilden lassen und er sich stetig weiterbildet. Ihre Tochter L. war mit unserer Tochter in dieselbe Klasse der Grundschule gegangen, und wir Elternpaare kennen uns von daher. Nun helfen sie uns, und es ist ein grundsätzlich beruhigendes Gefühl, solche Hilfe angeboten zu bekommen und annehmen zu können. Wir fühlen uns sicher, weil jemand mit Wissen und Interesse sich für uns einsetzt und auch in Zukunft einsetzen wird. Ich fahre Hilde mit dem Auto ins Krankenhaus, wo S. schon auf uns wartet, mich ansieht und fragt: „Wie geht es Dir?" Was soll ich auf diese einfache Frage antworten? Ich fange fast an zu heulen. „Natürlich schlecht!" sage ich.

In diese Tage fallen unsere Geburtstage. Wie immer sind

Freunde gekommen und bekommen nun den Ernst der Lage mit. Hilde kann kaum noch aufstehen, sie sitzt in einer Decke eingehüllt auf einem Sofa im Wohnzimmer, jede Bewegung fällt ihr schwer. Eine Woche später erfahren die uns besuchenden Freunde vom Krebsbefund und können es nicht glauben. Unsere von Schulzeiten her bekannte Freundin M. und ihr Mann M. können einfach nur schweigen, sie sind bekümmert und ringen um ihre Fassung. Susanne, die zwei Häuser weiter nebenan wohnt und seit Jahren in der Galerie und im Haushalt hilft, beschreibt, wie sie es erlebt hat: „Traurig hat es mich gemacht, als Hilde 2011 Geburtstag feierte. Da waren ihre Worte wie ein Schlag ins Gesicht: So eine Scheiße, heute ist mein letzter Geburtstag!"

Wenn ich Hildes Terminkalender durchsehe, dann bemerke ich, dass ich fast vergessen habe, selber unter Termindruck gestanden zu haben. Der Termin meiner eigenen Operation für die Nierenspende an meinen Bruder steht fest. Ich habe die Zugfahrkarte zum Operationsort schon gekauft, muss aber unter den jetzigen Verhältnissen den Termin absagen und meinen Bruder enttäuschen. Ich kann Hilde nicht alleine zu Hause lassen. Ist es nicht ein unglaublicher Zufall, dass ich das Datum eines Operationstermins schon vorliegen habe und zur selben Zeit die Krebskrankheit meiner Frau entdeckt wird? Es müssen in diesen Wochen alle mög-

lichen Termine abgesagt werden: Besuche bei Freunden, Abende zur Vorbereitung des Kleinkindergottesdienstes, Geburtstagsfeiern. An eine Urlaubsfahrt in den Osterferien ist nicht zu denken. Damit Johanna etwas von einer Ferienstimmung miterleben kann, organisieren wir gemeinsam mit befreundeten Eltern, dass sie mehrmals bei ihren Freundinnen übernachten kann. Andererseits werden von unserer Seite Termine nicht nur abgesagt, sondern auch spontan angenommen. Denn die Freundinnen und Freunde beobachten, dass Hilde sich nicht von sich aus auf den Weg machen kann. Sie kommen häufiger als früher zu uns ins Haus und besuchen uns, auch wenn ein solcher Besuch manchmal nur fünf Minuten dauert.

Eine weitere Biopsie muss durchgeführt werden. Der Befund der vorherigen ist nicht aussagekräftig, da der untersuchte erkrankte Bereich des Körpers aus vielen abgestorbenen Teilen besteht und diese entnommen wurden. S. hat wieder herumgewirbelt und alle verantwortlichen Leute zusammengetrommelt und eine weitere Biopsie ermöglicht. Dieser Befund spricht für ein vom Weichteilgewebe ausgehenden sarkomatösen Tumor, aber es ist nicht gänzlich ausgeschlossen, dass es auch ein vom Knochen ausgehendes Sarkom sein kann.

Beim Durchblättern der Kalenderseiten kommen nun zum ersten Mal neue Begriffe zum Vorschein: Krankenhaus, Biopsie, CT Abdomen, CT Thorax, Onkologie, Skelettszinti, CT Angio, MRT Orthopädie, Tumorsprechstunde. Am Ende dieser Terminreihe im Mai und am Anfang einer Reihe von bisher unbekannten medizinischen Begriffen steht im Kalender: OP.

Jeder dieser Termine muss vereinbart werden, für jeden dieser Termine muss telefoniert, gefaxt, gemailt werden, für jeden Termin muss bei unserem Hausarzt, dem vortrefflichen Dr. P., eine Überweisung beantragt werden. Susanne oder ich holen Überweisung und Rezept mit dem Fahrrad ab. Vom Hausarzt geht es zur Apotheke, wo wir die Rezepte abgeben und die entsprechende Medizin bestellen, und nachmittags holen wir sie ab und bringen sie nach Hause. Susanne und ich wechseln uns ab und teilen uns die Fahrten und die Besorgungen auf. Wir teilen uns aber auch die Wartezeiten, die unglaublich häufigen Wartezeiten, die kurzen oder langandauernden, die überflüssigen oder unvermeidlichen, und wir benötigen sehr viel Ausdauer und Geduld.

Zu den Wartezeiten gehört auch das Warten vor Ampeln. Sie scheinen grundsätzlich auf Rot zu stehen. Da es in der Nähe eine Grundschule gibt, nehme ich selbstverständlich Rücksicht auf die Schulkinder, verhal-

te mich vorschriftsmäßig und vorbildlich und stehe mit dem Fahrrad vor der roten Ampel. Ich kenne Immanuel Kants Unterscheidung von pflichtgemäßem Handeln und Handeln aus Pflicht. Selbstverständlich erkenne ich Regeln und Gesetze an und beachte die verkehrsregelnden Hilfsmittel. Ich stelle mich nicht aus Gründen der Bequemlichkeit oder wegen eines kurzfristigen Vorteils außerhalb von Regel und Gesetz und ich überquere nicht bei Rot die Straße. Aber gibt es nicht auch Regeln, die von Unfähigen aufgestellt werden? Gibt es nicht Gesetze, die dringend einer Änderung bedürfen? Ich fahre auf die Kreuzung zu und warte. Die Straßen sind leer von Fahrzeugen, und es ist nicht ersichtlich, dass sich irgendein Fahrzeug nähert. Nach einer Weile ist auf der kreuzenden Straße ein Bus vorbeigefahren, danach springt meine Ampel auf Grün um. An der Grundschule stehen Horden von Schülern, morgens auf dem Weg zur, mittags auf dem Weg von der Schule. Der enge Bürgersteig ist viel zu klein für die Menschenmenge, und die Kinder warten und warten, bis der Bus vorbeigefahren ist und die Fußgängerampel endlich Grün zeigt. Dieser Zustand nimmt geradezu gefährliche Ausmaße an, wenn von beiden Seiten ein Bus kommt und die rote Ampelphase noch länger als gewöhnlich andauert. An der nächsten Kreuzung warte ich wieder, dieses Mal auf die Straßenbahn, die auf der breiten, kreuzenden Fahrbahn vorbeifahren muss, damit ich

überhaupt Grün erhalten und weiterfahren kann. Neben mir auf dem Bürgersteig stehen Fußgänger, die die Straße überqueren wollen, um die von weitem sichtbare Straßenbahn zu erreichen. Sie dürfen es aber nicht, die Fußgängerampel zeigt ihnen Rot. Die Bahn, die sie doch aufnehmen und befördern soll, fährt an ihnen vorbei, und die wartenden Fußgänger dürfen bei Grün erst dann die Straße überqueren und auf den Bahnsteig der Haltestelle gelangen, wenn ihre Bahn abgefahren ist. Diese Verkehrsführung geht an den Bedürfnissen der Benutzer vorbei, sie ist geradezu gefährlich, da sie dazu verleitet, die Regeln zu missachten. Mir kommt der Gedanke, ob nicht auch weite Teile des Gesundheitswesens an den Bedürfnissen der Kranken vorbeigehen. Ich hoffe, dass die Bahn nicht vorbeifährt, sondern hält und Hilde mitnimmt. So warten wir im Verkehr, bei den Ärzten, in den Krankenhäusern.

11. – 14. April 2011

Wir fahren Anfang April in das größte Krankenhaus der Stadt K., in die Uniklinik. Hilde hat einen Termin vereinbart, und wir treffen auf einen Chirurgen und einen Krebsspezialisten. Der Befund scheint klar zu sein. Bei meiner Frau liegt ein großzelliges Weichteilsarkom vor, das anscheinend nicht vom Beckenknochen ausgegangen ist. Die beiden Ärzte klären uns auf und sprechen von den Behandlungsmöglichkeiten. Sie sehen die Möglichkeit einer Teilentfernung des Beckens, um damit den Tumor entfernen zu können, eine sogenannte Hemipelvektomie. Röntgenbilder werden gezeigt, anhand von Schautafeln wird der Eingriff erläutert. Nach der OP sollen Chemotherapien und Bestrahlungen folgen. Chancen werden erläutert, beide Ärzte sind konzentriert und freundlich. Wir haben Vertrauen zu ihnen. Wir sind einen großen Schritt weitergekommen.

Wenige Tage später nutzen wir die Tumorsprechstunde der Uniklinik von M., nachdem Hilde einen Termin vereinbart, die notwendigen Unterlagen versendet und die üblichen Formalitäten erledigt hat bzw. hat erledigen lassen. Danach entscheiden wir uns, die Operation dort in M. durchführen zu lassen.

Mitte / Ende April 2011

Im April zeigt es sich, dass eine Operation immer dringlicher wird, weil die Schmerzen überhand nehmen und auch durch die stärksten Medikamente nicht mehr zu bändigen sind. Unser Hausarzt Dr. P. kennt sich in den Medikamenten für Schmerzlinderung sehr gut aus, aber hier besteht eine grundsätzliche Grenze für eine medikamentöse Behandlung. Die Schmerzen sind für Hilde eigentlich nicht mehr auszuhalten. Jede Bewegung tut weh, und die Bewegungsmöglichkeiten sind stark eingeschränkt. Das Haus, in dem wir wohnen, ist ein mehrstöckiges, schmales Mietshaus aus den 60er Jahren, ohne Aufzug, mit vielen Stufen und gänzlich ungeeignet für Behinderte. Im Erdgeschoss befindet sich die Galerie, wo inzwischen Susanne arbeitet und dasjenige ausführt, was Hilde geschäftlich noch veranlassen kann. Trotz aller krankheitsbedingten Veränderungen versuchen wir, an einem Arbeitsalltag festzuhalten und Geld zu verdienen.

Während die Galerie unten im Haus angesiedelt ist, befindet sich unser Schlafzimmer ganz oben unmittelbar unter dem Dach. Toilette und Bad und Kinderzimmer sind ein Stockwerk tiefer untergebracht. Nachts kann Hilde aber nicht mehr die Treppe hinuntergehen

und die Toilette im tieferen Stockwerk aufsuchen, und so behilft sie sich mit einem normalen Plastikeimer neben dem Bett. Nach Gebrauch bringe ich ihn schnell hinunter ins Bad, leere ihn aus und säubere ihn. Diese Lösung ist praktisch, Hilde hat überhaupt einen praktischen Sinn. Mittlerweile haben wir von der Versicherung einen rollbaren Toilettenstuhl gestellt bekommen, der von Etage zu Etage dahin getragen wird, wo Hilde sich aufhält. Außerdem gibt es noch eine sogenannte Toilettensitzerhöhung, die leicht transportabel ist und schnell auf die Toilette aufgesetzt oder von ihr wieder abgesetzt werden kann. TSE heißt die Abkürzung für dieses Hilfsmittel, und wir lachen darüber, weil sie eher wie eine Abkürzung für ein Auto als für ein solches Hilfsmittel klingt. Aber an diese Hilfsmittel muss Hilde sich gewöhnen. Für die Dusche kaufen wir einen Hocker. Jedes Duschen wird zu einem Abenteuer, und Hilde muss sich anstrengen, den Rand der Duschwanne zu überschreiten und sich auf den Hocker zu setzen und nach Beendigung der Reinigung wieder das Hindernis des hohen Beckenrandes zu überwinden. Natürlich wird hier der Bereich des Privaten und Intimen berührt, und es ist für Hilde sicherlich unangenehm, in dieser Weise auf Hilfe angewiesen zu sein. Aber falsche Scham ist hier nicht angebracht, und uns allen ist klar, dass diese unangenehmen Seiten zum Alltag gehören. Es gibt schwerwiegendere Probleme als

Reinigung oder Stuhlgang, und grundsätzlich bilden die Fragen der Sauberkeit nur ein geringes, untergeordnetes Problem. Außerdem bemüht Hilde sich darum und schafft es gewöhnlich, selbst ins Bad zu gehen und sich zur Toilette zu bewegen. Solche Umstände sind zwar für Außenstehende undenkbar, aber es ist unglaublich, wie schnell man sich daran gewöhnen kann und muss.

Treppensteigen wird so weit wie möglich vermieden. Sich waschen, sich an- und auskleiden, das Benutzen der Toilette oder der Dusche werden zu ungekannt anstrengenden und langwierigen Tätigkeiten. Ich erinnere mich daran, dass Hilde einmal frische Luft schnappen wollte und wir eine Autofahrt unternahmen. Wir suchten eine Bank in der Nähe der Straße, wo sie sich setzen konnte. Nach langer Suche hielten wir schließlich an, stiegen aus und versuchten, eine Bank zu erreichen, die nur wenige Meter neben der Straße stand. Diese kurze Entfernung aber bildete für Hilde inzwischen ein fast unüberwindliches Hindernis. Nur mit äußerster Anstrengung schaffte sie es, die nahegelegene Bank zu erreichen und sich darauf zu setzen. Ein Außenstehender, der sich in gewöhnlicher Weise bewegen kann, vermag sich diese Eingeschränktheit nicht vorzustellen. Von den Schmerzen her gesehen bildeten die Wochen vor der Operation die schlimmste Zeit, und die Schmerzen waren, auch rückwirkend gesehen, die stärksten, die

sie jemals erlebt hat und hat erleben müssen.

Ende April hat Johanna, unsere Tochter, Geburtstag. Zum ersten Mal in ihrem Leben können wir nicht alle zusammen feiern. Es ist ein sonniger Tag, und ich fahre Johanna und die eingeladenen Freundinnnen und Klassenkameradinnen auf's Land über die Stadtgrenze hinaus. Uns hilft Susanne. Ihre Tochter Christin geht in dieselbe Klasse wie Johanna. Die beiden sind Freundinnen, beide gehen jeden Morgen zusammen zur Straßenbahn, fahren zum Gymnasium und kehren gemeinsam von der Schule wieder nach Hause zurück. Im Spieleland treffen wir U. mit ihren beiden Töchtern. Sie wohnen dort in der Nähe. Der Ehemann von U. starb, als sie schwanger war. Wir waren befreundet und trafen uns häufig auf dem Spielplatz, wo sich die Kinder gut verstanden. Vor einigen Jahren, kurz nach dem Tod ihres Mannes, war U. aus unserer Nachbarschaft weggezogen. Der Kontakt war aber nicht abgebrochen, und so feiern wir Erwachsenen und die Kinder den Geburtstag der 11 Jahre alt gewordenen Johanna. Wir breiten auf der Wiese mehrere Decken aus, veranstalten ein Picknick, unterhalten uns, und die Kinder können im Freien toben, sich verausgaben und vergnügen. Abends kehren wir wieder nach Hause zurück, und Johanna kann der daheimgebliebenen Mama erzählen, wie es gewesen war. Dies ist, wie schon angedeutet, das erste Mal, dass

im Grunde genommen ich für die Geburtstagsfeier unserer Tochter verantwortlich bin und dass Hilde nicht anwesend sein kann. Mütter können es gut verstehen, wie tief dies jemanden bewegt und dass diese so unscheinbare Tatsache eine Familie irgendwie spalten kann.

Mitte April – 10. Mai 2011

Nachdem die Verantwortlichen in der Uniklinik erklärt haben, wie es weitergehen wird, scheint zwischen allen Beteiligten das Notwendige besprochen worden zu sein. Aber es tauchen auf einmal neue Hindernisse auf. Die Ärzte in M. teilen meiner Frau mit, dass noch eine Biopsie von Herrn Prof. Dr. K. aus J. herangezogen werden müsse. Operationen würden nur nach den Untersuchungen dieses Fachmanns durchgeführt, man arbeite immer mit diesem Fachmann zusammen. Darüber hinaus müssten letzte Zweifel beseitigt werden, ob das Sarkom nicht doch vom Knochen ausginge. Trotz zwei Biopsien sei es immer noch nicht hundertprozentig klar, ob es sich um ein Sarkom am Knochen oder im Weichteil handele, was sich wiederum zu einem Problem für den Chirurgen entwickele, der sich auf keine eindeutige Diagnose stützen könne usw. Die Krankenkassen weigern sich, die erneute Biopsie zu bezahlen, da schon zwei vorliegen. Die Beschäftigten in K. sind nicht sonderlich interessiert, eine Möglichkeit zur Biospie zu verschaffen, da die OP sowieso nicht in ihrem Krankenhaus stattfindet, und die Mitarbeiter in M. beharren darauf, nur mit der Biopsie des speziellen Kollegen operieren zu können. Die Patientin aber ist die im eigentlichen Sinne leidtragende Person, auf deren

Rücken Streitigkeiten ausgetragen werden. Hilde, am Ende aller Kräfte, muss einfach weinen. Sie wird zwischenzeitlich zu einem Spielball der unterschiedlichen, mitwirkenden Gruppen der Ärzte, der Mitarbeiter in den Krankenhäusern und den Vertretern der Krankenkassen.

Wenige Wochen vor dem ins Auge gefassten Operationstermin steht Hilde der Schwierigkeit gegenüber, dass dieser Termin noch in der Schwebe ist, weil dafür noch nicht alle Bedingungen erfüllt sind. Die Patientin wird in die Lage gedrängt, einen Teil der Voraussetzungen für ihre Operation selbst ordnen zu müssen. Hilde schreibt per Email an die für sie zuständige Lotsin in der Uniklinik von K., dafür bitte Sorge zutragen, dass die Referenzpathologie möglichst schnell erstellt wird. Hilde würde auf ihre Kosten das ganze Vorhaben durchführen lassen. Die Kranke ist es schlichtweg leid, darauf warten zu müssen, wie und was die anderen Beteiligten entscheiden oder nicht entscheiden und nimmt das Heft selber in die Hand. So wird diejenige Person, für die alles getan werden sollte, selbst zur handelnden Person. Sie gibt die noch fehlende Biopsie in Auftrag und bezahlt sie tatsächlich später selbst. Die Ergebnisse dieser Biopsie tauchen merkwürdigerweise nie wieder auf. Ob diese Ergebnisse, die doch angeblich von entscheidender Bedeutung für die weitere Vorgehensweise sind, überhaupt rechtzeitig in das Klinikum von M.

gelangen, ist mir nicht bekannt. Wahrscheinlich sind sie nicht mehr ausschlaggebend, da, wie später der Chirurg bestätigt, ein noch späterer Termin der OP nicht mehr möglich gewesen wäre. Der Tumor wäre nicht mehr operabel gewesen.

kurz vor 10. Mai 2011

Jeder Tag bringt eine neue Sicht auf die Krankheit und die kommende Behandlung im Krankenhaus. Was heute noch gilt, gilt morgen als veraltet. Den Freunden und Freundinnen ist es kaum noch zu vermitteln, wie der Stand der Dinge ist. Innerhalb dieser ungewissen und unsicheren Gesamtlage kommen auch komische Begebenheiten vor. Hilde kennt von ihren Studienzeiten her seit Jahrzehnten H., die in demjenigen Universitätsinstitut, wo Hilde studierte, als Sekretärin arbeitete. H. und ihr Ehemann R. begegnen mir manchmal beim Nachhauseweg von meiner Arbeitsstelle. Beide begleiten ein Kind aus der Nachbarschaft und bringen es von einem Spielplatz nach Hause. H. fragt mich, wie es denn Hilde ginge. Ich habe mein Fahrrad angehalten und will in dieser kurzzeitigen Begegnung die Krankengeschichte nicht erzählen und verabschiede mich wortkarg. In der darauffolgenden Woche treffe ich die beiden mit dem Kind wieder. Ich verhalte mich in ähnlicher Weise und rücke nicht mit der Wahrheit heraus. Ich selbst weiß nicht genau, wie es um Hilde steht. Ich bin bedrückt, ich will nicht immer von dieser Krankheit erzählen. Am Abend erhalte ich zu Hause einen Telefonanruf von H., die mir ungestüm und drängend die Frage stellt, was Hilde tue und wie es ihr ginge. Auf

meine ausweichende Antwort hin erklärt sie mir unmissverständlich, dass sie nun Hilde persönlich zu sprechen wünsche. Dies ist aber schlichtweg unmöglich. Ich erhalte fast den Eindruck, sie ginge zur Polizei, wenn sie nicht eine halbwegs plausible Antwort von mir erhielte. Mir kommt der Einfall, sie denke vielleicht an die Kriminalfälle, in denen ein Ehemann seine Frau umbringt und den Nachbarn, Freunden und Verwandten erzählt, die vermisste Person sei verreist. Ich eröffne der besorgten Anruferin, dass Hilde im Universitätsklinikum von M. liege, derzeit nicht zu erreichen und auch nicht ansprechbar sei, da sie in den nächsten Tagen operiert würde.

Ehrlich gefreut habe ich mich über die Besorgnis und die Hartnäckigkeit dieser Freundin, und ich freue mich noch heute darüber. H. zeigt eine gewisse Wachsamkeit und bestätigt ihre lebendige, nicht allzu leicht zu beruhigende Sorge um den anderen, freundschaftlich verbundenen Menschen. In der Folgezeit versuchen H. und R. mehrmals, Kontakt zu Hilde aufzunehmen, und haben nach einigen Tagen Erfolg. Sie besuchen Hilde mehrmals in der Uniklink in M. und benutzen, da sie kein Auto besitzen, den Zug und nehmen für die Besuche mehrstündige Hin- und Rückfahrten in Kauf. Noch heute bemühen sie sich auch um Johanna und laden sie zu Zirkus- oder Theateraufführungen ein. So sind Freunde.

10. Mai 2011

Nach Übereinstimmung aller beteiligten Fachleute muss die Operation möglichst bald durchgeführt werden, da der Tumor eine bedenkliche Größe angenommen hat. Eine vorherige Bestrahlung, die zunächst üblich ist, kommt nicht in Betracht und wird ausgeschlossen, da der Tumor zu groß ist. Die Operation birgt das Risiko, dass der Tumor zu fest am Knochen sitzt oder ihn durchwachsen hat, so dass ein Bein abgenommen werden muss. Anfang Mai steht der Termin für die Operation fest, die von uns allen herbeigesehnt wird. Die Schmerzen müssen ein Ende haben.

Seit dem Wochenende ist Hilde in der Uniklinik in M. Ich habe sie hingefahren, und schon die Autofahrt einschließlich des mehrstündigen ruhigen Sitzens war mehr als anstrengend. Zunächst geht es wieder über die bekannte Kreuzung, menschenleer, rote Ampel, Warten. Dann geht es zur breiten doppelspurigen Straße mit den Straßenbahngleisen in ihrer Mitte. Eine Bahn kommt, die Fußgängerampeln zeigen Rot, und die Fußgänger können nicht zur Bahn hinkommen. Sie müssen die Bahn verpassen, wenn sie sich verkehrsgerecht verhalten. Hoffentlich müssen wir nicht zu lange warten, hoffentlich verpassen wir nicht die fähigen Leute im

Krankenhaus. Warten ist Gift für Hildes Zustand. Mehrmals müssen wir Parkplätze anfahren, damit Hilde ihre Sitzpositionen verändern kann. Aber schließlich kommen wir mitsamt der umfangreichen Unterlagen, der zahllosen Formulare und der wenigen Habseligkeiten für die Unterbringung rechtzeitig an.

Die Tage des Wochenendes verbringen Johanna und ich im Krankenhaus. Wir lernen das auf den ersten Blick unübersehbar große Gebäude kennen. Trotz der angespannten Lage sind kleine Freuden nicht ausgeschlossen. Johanna schmecken die kleinen Pizzen in der Cafeteria gut, ich genieße die Aussicht auf die Stadt. Aufgrund der besonderen Architektur der Gebäudetürme sind die vom Grundriss her gesehen runden Krankenzimmer mit großen Fenstern ausgestattet. Eine weite Aussicht, bis zur Stadtmitte, ist möglich. Auch der in der Mitte eines Stockwerks liegende Arbeitsraum der Schwestern und Pfleger ist anziehend und erinnert mich an die aus Fernsehserien bekannten Kommandozentralen von Raumschiffen. Ich habe keinerlei Widerwillen, dieses Krankenhaus zu betreten. Ich lebe von der Hoffnung.

Der Tag der Operation ist ein Wochentag, so dass unsere Tochter an diesem Tag zur Schule geht. Susanne kümmert sich um die beiden Kinder, um Christin und

Johanna, und ich halte mich selbstverständlich im Krankenhaus auf. Ich selbst bin nicht erkrankt und ich weiß, dass ich nicht die Hauptperson bin und dass es nicht um mich geht, aber ich kann nicht aus meiner Haut heraus. Mich beschäftigt das bedrängende Gefühl, untätig sein zu müssen und auf den erkrankten Menschen zu warten. Ich sitze oder stehe oder gehe außerhalb des Operationssaales und warte mit der Hoffnung des Laien, dass das Bein meiner Frau nicht abgenommen werden muss. Meine Schritte bilden Kreise, meine Gedanken kreisen. Nach der stundenlangen Operation und nach dem anschließenden Aufenthalt im Warteraum wird mir Hilde auf der Trage entgegengefahren. Zunächst sehe ich, dass Hilde lebt und dass es ihr irgendwie gut zu gehen scheint. In diesem Augenblick ist es mir nicht einmal mehr wichtig, ob Hilde ein Bein oder zwei Beine hat. Ich bin glücklich und weiß, ob mit oder ohne Bein, wir werden die Zukunft gemeinsam meistern.

Ich schäme mich, verstohlen unter das weiße Laken zu blicken oder wie zufällig vorzufühlen. Ich werde bald in Kenntnis gesetzt, ob meine Frau noch beide Beine hat. Ich erfahre, dass der Chirurg sein Bestes gegeben hat und unser Vertrauen in ihn gerechtfertigt ist. Kein Stück vom Oberschenkel wurde entfernt. Es wird mir berichtet, nur der Ischias wäre in Mitleidenschaft gezogen,

was später zu Gehproblemen führen werde. Dies sei aber eigentlich eine Kleinigkeit im Verhältnis zu demjenigen, was in Aussicht gestanden hätte, und die OP könne insgesamt als geglückt angesehen werden. Nachdem Hilde aufgewacht ist und erstaunlich schnell hellwach wirkt, bestätigt sie, dass die Schmerzen tatsächlich weg sind. Uns erfassen gemeinsam eine Erleichterung und ein rauschhaftes, feierliches Gefühl.

11. Mai 2011

Nach der Operation wird Hilde gut versorgt. Das Personal weiß, dass es sich um eine schwierige, verhältnismäßig selten durchgeführte OP handelt und ist dementsprechend aufmerksam. Eine Ausnahme bildet ein Nachtpfleger, der vielbeschäftigt und schlechter Laune ist. Er behandelt die Patientin grob und nimmt auf die frischen, großen Wunden und die Lageschwierigkeiten wenig Rücksicht. Er tut ihr weh. Aber Gott sei Dank sind die Bediensteten in den allermeisten Fällen freundlich. Um den Krankenhausaufenthalt zu erleichtern und die Genussmöglichkeiten und täglichen Freuden des Lebens zu vergrößern, beschließen wir, dass sich Hilde als Kassenpatientin trotz der Mehrkosten eine Zusatzversorgung wählt. Telefonkarten, Parkkarten, vor allem eine größere Auswahl an Mahlzeiten stehen ihr zu.

Möglicherweise schärft die ungeheure Anspannung den Sinn für das erleichternde Komische. Wir sind keineswegs jederzeit besorgt, bedrückt, traurig, wir lachen viel und haben Spaß. Dazu gehört auch folgende Begebenheit, die ich im Krankenhaus in M. erlebt habe und die ich während eines späteren Treffens unserer Freundin U. erzähle. In das Bettenzimmer, in dem Hilde nach der Operation liegt, kommen ein Arzt und eine

Ärztin. Sie stellen sich uns vor. Sie stehen vor dem Fußende des Bettes, blicken in ihre und die am Bett befestigten Aufzeichnungen. Die Ärztin fragt ihren Kollegen: „Hemipelvektomie, extern oder intern?" - „Intern!", antwortet ihr Kollege. Kein weiteres Wort wird gewechselt, keine Erklärung wird an die im Bett liegende Person gerichtet. Die Personen in den weißen Kitteln blicken noch einmal in die Aufzeichnungen und verabschieden sich. Hilde hat aufmerksam zugehört und informiert sich später, was diese Begriffe bedeuten. Wir lernen mittlerweile die Bedeutung einiger medizinischer Fachausdrücke kennen, und noch nachträglich macht es uns manchmal fassungslos, wie über solch wichtige Angelegenheiten gesprochen wird. Die Ärzte hatten darüber gesprochen, ob das Bein bei der Operation weggenommen worden oder ob es noch vorhanden war. Wir sehen das Komische in dieser Situation, wir lachen uns schief und können gar nicht aufhören. Es wird absurdes Theater gegeben, in dem die Ärzte die komischen Rollen spielen und die Erkrankten, die die Hauptrollen innehaben sollten, zuschauen.

Mai / Juni 2011

Allem Anschein nach ist die Operation gelungen. Hilde hat sie gut vertragen und hinter sich gebracht. Der jetzige Zustand ist mit dem vorherigen nicht zu vergleichen: die Schmerzen sind weg. Es herrscht bei uns eine Aufbruchsstimmung, begleitet von Hoffnung und Zuversicht.

Wir denken an die Gestaltung des neuartigen Alltags in der nahen Zukunft. Drei Tage in der Woche arbeite ich wie bisher als Angestellter im Auktionshaus und behalte diesen Arbeitsrhythmus bei. An den vier restlichen Tagen der Woche versuche ich, so oft wie möglich Hilde in M. zu besuchen, die Galerie weiterzuführen, Geld zu verdienen und natürlich auf unsere Tochter aufzupassen. Gleichzeitig nimmt Susanne die Kinder, Christin und Johanna, bei sich auf, lässt sie manchmal beide bei sich schlafen, schickt sie zur Schule, überprüft die Hausaufgaben, kocht das Essen, arbeitet auch in der Galerie und widmet sich ihrem Ehemann P., der an den Wochenenden von seiner weit entfernten Arbeitsstelle in Süddeutschland nach Hause zurückkehrt.

Christin und Johanna sind gut aufgehoben und leben über zwei Monate miteinander wie zwei Schwestern.

Beide halten zusammen, sind manchmal auch zänkisch und konkurrierend, aber vor allem einander hilfreich, lustig, albern. Trotz aller Sorgen haben wir unseren Spaß daran, die beiden gemeinsam zur Schule gehen zu sehen, die fast um ein Jahr jüngere Christin einen Kopf größer als die ältere Johanna.

Mai / Juni / Juli 2011

Im Uniklinikum werden unter den Bettnachbarn Bekanntschaften geschlossen. Selbstverständlich werden die Krankheitsgeschichten erzählt, aber die Gespräche drehen sich keineswegs ausschließlich um Gesundheit, Medikamente, Stuhlgang, Schlaf, Tagesablauf, Entlassungstermin u.a. Von den Freunden und Verwandten wird berichtet, Süßigkeiten oder Obst werden angeboten, Emailadressen werden ausgetauscht, spätere Besuche werden geplant. Einige bekräftigen, sich in der Zukunft zu treffen und sehen zu wollen. In der Not weiß man sich vereinigt, der Blick in die Zukunft ist hilfreich. Für uns Besucher ist es beeindruckend, wie sachlich die Patienten ihre Lage sehen und wie herzlich sie im Krankenzimmer zusammenhalten.

Hilde liegt in einem Bett am Fenster. Ich genieße die Aussicht aus dem großen Fenster, Johanna hat sich ein Buch mitgenommen und liest. Im Zweibettzimmer in Türnähe liegt die Bettnachbarin. Sie ist an Speiseröhrenkrebs erkrankt. Während unseres Besuchs betreten zwei Ärztinnen das Zimmer und wollen mit ihr reden. Ich höre, dass es um die weitere Behandlung geht. Die Ärztinnen fragen die Nachbarin, ob wir, die Besucher, nicht das Zimmer verlassen sollten. Sie verneint, nein, es

sei nicht notwendig. Die Ärztinnen schlagen der Nachbarin zwei Möglichkeiten vor, zum ersten noch eine Chemotherapie zu versuchen, woraufhin die Patientin Monate zur Erholung benötigen würde. Man könne nicht wissen, wie wirksam die Chemo sein werde bzw. gewesen sei und den Zeitraum der Erholungsphase nicht genau eingrenzen. Zum zweiten könne die Erkrankte nach Hause ziehen, dort unter ständiger Beobachtung den Rest des Lebens, vielleicht mehrere Monate lang, verbringen und am Lebensende ins Hospiz ziehen und sich dort versorgen lassen. In diesem Fall arbeiteten die Fachleute einen genauen Essensplan aus, stünden Tag und Nacht bei Fragen zur Verfügung, und die Patientin könne die noch ausstehenden Monate so gut wie möglich zu nutzen versuchen. Die Ärztinnen und die Erkrankte wägen gemeinsam das Für und Wider der einzelnen Möglichkeiten ab und kommen zu dem Schluss, dass die durch die Chemotherapie ermöglichte Lebensverlängerung infolge der starken Erschöpfung und der anschließenden notwendigen Erholungsphase aufgebraucht werden könnte und nicht ins Gewicht falle. Die Patientin einigt sich mit den Ärztinnen zunächst darauf, die zweite Möglichkeit in Erwägung zu ziehen. Nach einiger Beratungszeit verabschieden sich die beiden Ärztinnen und verlassen das Zimmer. Die Nachbarin holt sich das Telefon aus der Schublade des fahrbaren Bettschränkchens und telefoniert mit einer

Freundin oder Verwandten, breitet ihre Aussichten klar und deutlich aus und fängt an zu weinen.

Ich kann nicht umhin mitzuhören. Diese Frau und Hilde sind beide schwer erkrankt, und ich merke, dass die beiden Frauen in diesem Zimmer sich verstehen. Sie verstehen sich, weil sie Schicksalsgefährten sind. Ich bin nahe daran, mich für das Vertrauen zu bedanken, dass ich Zeuge des Gesprächs und der Entscheidungsfindung sein durfte. Mich beeindruckt die Haltung der Patientin, ihre Krankheit und ihre Zukunft vor uns nicht zu verheimlichen. Aber ich bin froh, dass es Hilde im Unterschied zu dieser Patientin besser geht. Ich bin glücklich, dass Hilde, die Mutter unserer elfjährigen Tochter, die hier neben dem Bett sitzt und liest, nicht zu dieser Gruppe von Todeskandidatinnen gehört und günstigere Zukunftsaussichten hat. Ich bin beruhigt und vergesse die Begegnung am Nachbarbett.

Nachträglich gesehen ist es nicht auszuschließen, dass Hilde früher gestorben ist als die an Speiseröhrenkrebs erkrankte Bettnachbarin. Nachträglich gesehen muss ich gestehen, nicht verstanden zu haben, worüber am Nachbarbett gesprochen wurde. Ich hatte nicht verstanden, dass ein Todesurteil ausgesprochen worden war und was es bedeutete. Obwohl ich unmittelbar neben meiner vor kurzer Zeit operierten Frau saß, obwohl

unsere anwesende Tochter schon sichtlich durch die seit Monaten andauernde Erkrankung ihrer Mutter beeinträchtigt war, habe ich das Geschehen nebenan am Bett nicht annähernd verstanden. Den wenigen Metern, die mich von der an Speiseröhrenkrebs erkrankten Frau trennten, muss eine riesige Kluft des Verständnisses zwischen uns entsprochen haben. Kann ich aber dann verlangen, dass die Menschen außerhalb dieses Zimmers, dieses Krankenhauses, dieses Bereichs von Krebs, Krankheit und Tod verstehen, was hier geschieht? .

Die Besuche in M. sind selbstverständlich wichtig für Hilde. Die kranke Person braucht die Besucher, und umgekehrt spüren diejenigen, die sie besuchen, wie willkommen sie sind. Wenn ich Johanna oder auch Christin mitnehme, versuche ich, den Aufenthalt in M. nicht langweilig werden zu lassen und zusammen mit den Kindern etwas zu unternehmen. Mit Johanna und Christin fahre ich für ein paar Stunden in den nahegelegenen Zoo, und so können die Kinder bei unserer Ankunft im Krankenhaus Hilde begrüßen, ihr dann die nötige Ruhe schenken und bei der Rückkehr vom Zoo von ihren Erlebnissen berichten. Mit Johanna besuche ich einmal das Planetarium. Als unsere Freunde W. und C. mit ihrem Sohn zu Besuch in das Krankenhaus kommen, fahren wir nach der Begrüßung zum nahegelegenen See, leihen uns ein Boot und segeln. Zum ersten

Mal nach Jahrzehnten weise ich meinen Segelschein vor und genieße diesen schönen Sport. Ein anderes Mal suchen Johanna und ich gemeinsam mit unserer Freundin U. und ihren beiden Töchtern das kleine Freilichtmuseum auf. Johanna bringt einen selbstgetöpferten Frosch mit, der von nun ab im Krankenzimmer im Regal steht, so dass Hilde ihn immer sehen kann. Glücklicherweise lassen sich die meisten Freunde von der weiten Anreise nicht abhalten und kommen zu Besuch. Unsere über 80 Jahre alte Freundin C. bittet ihren Neffen, bei Hilde vorbeizuschauen. Die beiden haben sich vorher niemals gesehen, was aber kein Hindernis für ein flottes Gespräch darstellt. Der freundliche junge Mann erzählt von seinen beruflichen Zukunftsplänen, und Hilde kann ihrer Freundin C. später dankend von diesem unerwarteten Besuch berichten. Auch über die zahlreichen Telefonanrufe, Briefe oder Pakete freut sich Hilde, später auch über Emails.

So wie es ihre Art ist wird Hilde von sich aus tätig. Von unserem Computerfachmann B. lässt sie den Laptop in der Art vorbereiten, dass sie Verbindung zum Computer in der heimischen Galerie aufnehmen kann. Im Krankenhaus in M. liest Hilde die Emails, die im Computer in der Galerie in K. ankommen. Susanne erzählt, dass Hilde sie angerufen und ihr mitgeteilt hat: „Geh mal runter, ich habe Dir gerade etwas ausgedruckt!" Von

nun an sorgt Susanne dafür, dass der Computer in der Galerie betriebsbereit ist, damit Hilde im Krankenhaus darauf zugreifen, Emails lesen und beantworten, Rechnungen schreiben und sie ausdrucken lassen kann. Susanne kann die Aufträge erledigen, und das Geschäft geht in eingeschränkter Weise weiter. So arbeiten Hilde und Susanne an zwei verschiedenen Orten auch in beruflicher Hinsicht gut zusammen.

Juni / Juli 2011

Durch die OP wurde ein Bein Hildes verkürzt. Als Ausgleich wird unter dem Schuh des verkürzten Gliedes eine dickere Sohle angebracht. Weil das Klettband, das den Schuh am Fuss hält, nicht mehr in den Schuh passt, lässt Hilde einen Schuh entwickeln, dessen Klettverschluss außen am Schuh befestigt ist und oberhalb des Fußes und am Knöchel geschlossen wird. Auf diese Weise wird ein schnelles An- und Abschnallen des Schuhs ermöglicht. Hilde hat eben einen praktischen Sinn.

Im Kalender notiert Hilde während dieser Zeit folgendes: Beobachtungsstation, Verlegung aufs Zimmer, Hüftverschiebeplastik, Schmerzpumpe abgestellt, Blutabnahme, Verbandwechsel, Physiotherapie, Verlegung in Onkologie, Blasenkatheder, Chemo schlecht, Chemo schlecht, aufgestanden!, ¼ Runde Laufwagen, ¼ Runde an Krücken, 1 Runde am Laufwagen, Chirurgie, Anästhesie, Rollstuhl, 1 Runde Krücken, Haare fallen massiv aus, Portpflaster, Fäden gezogen, Katheder gezogen, Schmerzpflaster, Schmerzpflaster, Schmerzpflaster, und: Keiner angerufen!

Die sehr starke Chemotherapie im Anschluss an die

Operation fordert lange Zeiträume der Erholung. Hildes Verlegung von M. nach K. wird geplant, da hier die Chemotherapie fortgesetzt werden kann. Hilde freut sich. Hier in K. wäre sie näher an ihrem Zuhause, sie könnte häufiger Besuch empfangen und den Freunden fiele das Kommen leichter. Das Zuhause winkt.

18. Juli 2011

Nach der Operation und den ersten Chemotherapien in der Uniklinik in M. wird Hilde in die Uniklinik von K. verlegt. Hier darf sie nach über zwei Monaten ununterbrochenem Krankenhausaufenthalt endlich zeitweise wieder nach Hause zurückkehren. In den Zeitspannen zwischen den weiterhin durchgeführten Chemotherapien kann sie zu Hause leben. In einer Email kurz nach Beginn der Sommerferien schreibt Hilde: „Ansonsten bin ich wirklich froh, nach 11 Wochen Krankenhaus (Klimaanlage) ein bisschen Frischluft zu schnuppern etc. und ich kann auch mal mit meiner Kleinen kuscheln! Johanna fährt am Freitag für eine Woche in die Ferien, und auch mein Mann hat ab nächster Woche frei. Darauf freue ich mich schon!" Im Kalender vermerkt Hilde: „nach Hause!" An einen Herrn M. schickt Hilde folgende Email: „ich bin seit Montag wieder in K. (Juchu!)."

Es ist mit der Gesundheit trotz aller Unwägbarkeiten, Einschnitte, Rückschläge seit Monaten aufwärts gegangen. Hilde hat es geschafft: die Rückkehr nach Hause und das Wohnen in den eigenen vier Wänden stellen einen einsamen Höhepunkt im Genesungsprozess dar. Jubel! Wir feiern.

Juli – September 2011

Die Freundinnen und Freunde können uns in K. häufig besuchen. Auch das stärkt das „Juchu" des neuen Lebensgefühls. Eine Freundin, deren Sohn in dieselbe Klasse der Grundschule ging wie Johanna, unterrichtet in einer Körperbehindertenschule in der Nähe. Die Freundin S. sieht auf den ersten Blick, dass der Rollstuhl völlig falsch eingestellt ist. Hilde wurde am Becken operiert, von dem ein Stück entnommen worden war, und lebt seitdem mit einem verkürzten Bein. Sie müsste anders auf dem Rollstuhlkissen sitzen. Der Rollstuhl wurde zwar den Plänen und Erfordernissen entsprechend zusammengesetzt und ins Krankenzimmer an Hilde ausgeliefert, aber niemand beschäftigte sich im nächsten Schritt damit, wie er am besten der kranken Person anzupassen und zu benutzen sei. Die zuständigen Personen arbeiteten nicht zusammen, verschiedene beauftragte Stellen griffen nicht ineinander. So bleibt die Unterstützung unnötigerweise bruchstückartig, und die Betreuung erzielt nicht den gewünschten Erfolg. Also legen wir unter der Mithilfe der kundigen Sichtweise von S. selber Hand an den Rollstuhl und verbessern die Einstellungen. Hilde sitzt von nun an entspannt im Rollstuhl.

Über diese praktischen Hilfestellungen hinaus tun die Besucher Hilde gut. Schon in der Uniklinik von M. gab es trotz einer mehrstündigen Hinfahrt keine zwei oder drei Tage, an denen nicht jemand zu Besuch gekommen wäre. Den seltenen Tag, an dem niemand angerufen hat, hielt Hilde in ihrem Kalender ausdrücklich fest. Zuhause vergeht jetzt kein Tag, an dem sich nicht mindestens eine Freundin blicken lässt, und auch später, im Krankenhaus in K., sind die Freunde tagtäglich zugegen. Es bildet sich eine enge Gemeinschaft, in der sich abgesprochen wird, wer und wann zu Besuch kommt. Zunächst hoffen die Freunde, dass die Operation ein langfristig gutes Ergebnis nach sich zieht, und so zieht in den folgenden Monaten der scheinbaren Besserung schon ein wenig Normalität in den Freundeskreis ein. Zum lebendigen Alltag gehören die vielen und guten Freundinnen und Freunde unbedingt dazu. Umgekehrt schließt Hildes Alltag alle beteiligten Freundinnen und Freunde ein.

Das Leben ist lebenswert, wir genießen das gemeinsame Leben. Zudem entwickelt Hilde in Zusammenarbeit mit dem hervorragenden Hausarzt die Medikation immer wieder neu und passt sie den jeweiligen Krankheitszuständen an. So hat sie die Schmerzen im Griff.
Dieser Alltag ist schön.

August 2011

Fortschritte sind unübersehbar. Inzwischen ist Hilde imstande, den Rollstuhl zu benutzen und sich auf Krücken langsam fortzubewegen. Leider ist das schmale, mehrstöckige Haus, in dem wir wohnen und arbeiten, denkbar ungeeignet für eine bewegungsbehinderte Person. Die Galerie, darüber die Küche und das Wohnzimmer, darüber das Bad mit Toilette und das Kinderschlafzimmer sowie ganz oben unter dem Dach das Elternschlafzimmer befinden sich jeweils in verschiedenen Stockwerken. Treppensteigen gehört also zum täglichen Bewegungstraining, soll aber möglichst auf ein Mindestmaß verringert werden. Also entwickelt Hilde Umbaupläne. Die Wohnung muss der Befindlichkeit der erkrankten Person angepasst werden, nicht umgekehrt. Soll das Treppenhaus einen zweiten Handlauf erhalten? Wir lassen einen Handwerker kommen und fragen ihn. Die oberste Etage mit unserem Schlafzimmer geben wir auf und wechseln auf die darunterliegende Etage, so dass Hilde nachts nicht mehr hinab- und hinaufgehen muss, um die Toilette aufzusuchen. Das Kinderzimmer bauen wir für uns Eltern um und es wird zum Elternschlafzimmer, und die Möbel des Kinderzimmers wandern nach oben unter das Dach und finden im ehemaligen Elternschlafzimmer

Platz. Johanna erhält ein weitaus größeres Zimmer als das vorherige und wird gar nicht unglücklich sein, eine ganze Etage bewohnen zu können. Hilde sucht sich aus einem Katalog und im Internet geeignete Möbel für unser Schlafzimmer heraus. Susanne und ich fahren zum Möbelhaus und kaufen die ausgesuchten Stücke. Wie Hilde besitzt auch Susanne einen praktischen Sinn und drängt darauf, möglichst frühzeitig die Wünsche der kranken Person zu erfüllen. Wir haben zwar keine Lust, am kommenden und gleichzeitig einem der heißesten Wochenenden des Jahres körperlich hart zu arbeiten, aber Susanne lässt uns keine andere Wahl. Auch ihr Mann muss einen Teil seiner kostbaren Freizeit opfern und mitarbeiten. Er tut es gern und hilft geradezu selbstverständlich an seinem freien Wochenende. Wir räumen Möbel um, transportieren sie auf die verschiedenen Etagen, tragen die neu gekauften schweren Stücke die Treppen hinauf, bauen die Einzelteile zusammen und stellen die fertigen Möbel im Schlafzimmer auf.

Wie immer hat Hilde ein gutes Gespür, welche Möbel gut aussehen und zweckdienlich sind. Das Ergebnis ist annehmbar. Die neue Einrichtung erweist sich als günstig für das Wohnen und Leben einer behinderten Person. Auch das Bad wird in diesem Sinne umgeräumt. Weiterhin werden das Doppelbett im Schlafzimmer und

die Sofas im Wohnzimmer erhöht, indem wir Holz-balken unter die Füße dieser Möbel montieren. Diese Erhöhungen erleichtern das mit Krücken ausgeführte Aufstehen oder Sichhinsetzen.

Bürokratische Hindernisse nehmen geradezu lachhaf-te Züge an. Hilde fragt bei der Krankenversicherung wegen eines Schlafmöbels an. Aus verständlichen Gründen sollen Kopf- und Fußteil elektrisch verstellbar sein. Ein solches Bett wird bewilligt. Rahmen, Einsatz und die Technik des kompletten Bettes sind verhältnis-mäßig teuer. Das Bett würde aber nicht in das kleine Schlafzimmer passen, es ist schlichtweg zu groß. Ein verstellbarer Lattenrost, der in den vorhandenen Bettrahmen eingesetzt werden könnte, wird nicht bewilligt, wäre aber viel billiger als ein komplettes neues Bett. Es verhält sich wie bei den Ampeln. Wir stehen und warten und erhalten Grün, wohin wir nicht wollen, und bekommen bewilligt, was wir nicht benötigen, und Rot versperrt uns die Richtung, wohin wir wollen, und wir werden nicht darin unterstützt, was wir benötigen. Kurzerhand verzichtet Hilde auf die finanzielle Unter-stützung der Versicherung, und wir kaufen uns auf eigene Kosten den passenden und bei weitem preis-werteren Lattenrost. Er tut gute Dienste.

Nicht nur diese Neuanschaffungen für die Einrichtung,

auch die Gebühren, Benzinkosten, Übernachtungskosten werden größtenteils durch unsere eigenen finanziellen Aufwendungen beglichen. Ein Seitenblick auf eine von Hilde geführte Liste der Zuzahlungen belegt, in welche Höhe diese Kosten steigen:

10 € Orthopädie 04.01., 10 € Dr. P. 1. Quartal 15.02., 65 € Chiro 25.02., 50 € Chiro 02.03., 40 € Gyn Ultraschall 10.03., 19,60 € Physio 11.03., 50 € Chiro 16.03., 107,25 € Hautarzt 29.03., 10 € Dr. P 01.04., 20 € E.-Krankenhaus 07.04., 90 € Physio 18.06., 9 € M.-Krankenhaus Verkürzungsausgleich 27.06., 5 € Schuherhöhung 29.06., 10 € Toilettenstuhl 29.06., 14,10 € Mütze 05.07., 10 € Dr. P. 19.07., 10 € Fahrt 20.07., 289 € Lattenrost 21.07., 10 € Kissen Rollstuhl 05.08., 260 € Eigenbeteiligung Krankenhaus 15.08., 7,14 € Tse 16.08., 25 € Physio 31.08., 50 € Tisch 29.08., 71,90 € Kissen etc. 30.08., 25 € Physio 31.08., 9,37 € Kissen 02.09., 10 € Nachtschiene 05.09., 9,37 € Kissen 07.09., 478,58 € Biopsie 21.09., 5 € Rahm 27.09., 7,44 € Rollstuhl 10.10., 9,90 € Fahrt 17.10., 10 € Schiene 21.10., 10 € Dr. P. 24.10., 9,90 € Fahrt 31.10., 9,86 € Fahrt 08.11., 9,86 € Fahrt 14.11., 9,90 € Fahrt 22.11., 10 € Rollstuhl 25.11., 9,86 € Fahrt 28.11., 5 € Fußheber 15.12., 5 € Fußheber 15.12., 2 x 120 Telefoneinheiten 40 €, 1 x 50 Einheiten 10 €, 1 x 120 Einheiten 20 €, 1 x 120 Einheiten 20 €, 1 x 120 Einheiten 20 € 01.06., 1 x 50 Einheiten 10 € 7.6., 1 x 120 Einheiten 20 € 24.06., 1 x 120 Einheiten 20 € 08.07., 1 x 120 Einheiten 20 € 15.07.

Die Summe der Zuzahlungen beträgt innerhalb weniger Monate fast 2000 €. Hinzuzurechnen ist der starke Verdienstausfall, der mit der Erkrankung zusammenhängt. Es ist klar, dass Hilde nicht mehr so viel wie früher für die Galerie arbeiten kann. Im Gegenteil, es stellt schon eine außerordentliche Leistung dar, dass Hilde, Susanne und ich die Galerie weiterführen können. Besorgniserregend sind die gestiegenen Kosten und mangelnden Einnahmen für uns noch nicht, aber wir müssen unsere finanziellen Verhältnisse durchrechnen und auf Rücklagen zurückgreifen.

Die Wochenendaktionen sind zwar kräfte- und zeitraubend, aber sie stärken das Gemeinschaftsgefühl. Nach den erfolgreichen Umbauten fühlen wir uns gemeinsam irgendwie gut. Wir sind stolz, wir haben zweifellos wieder einmal etwas Sinnvolles und Nützliches zustande gebracht und wir wissen, warum wir uns anstrengen und wem dies alles zugute kommt. Die Zeitfrage ist dann nebensächlich. Uns allen ist bewusst, dass es sowieso keine Trennung von Arbeits- und Freizeit gibt, weil die Bedürfnisse eines schwerkranken Menschen vor keinem Wochenende oder Feiertag haltmachen. Ein Unterschied zwischen Alltag und Wochenende besteht allenfalls darin, keine Arzt- oder Krankenhaustermine am Wochenende wahrnehmen zu müssen.

Es ist Mitte Juli, Sommer, Ferienzeit. Johanna und Christin haben gute Zeugnisse nach Hause gebracht. Trotz der schwierigen Gesamtlage haben die schulischen Leistungen nicht gelitten. Unsere Freundin Cl. unterstützt uns bei der Organisation einer Ferienfahrt. Johanna begleitet ihre Nichte und darf an einer von der Gemeinde veranstalteten Fahrt in ein Zeltlager teilnehmen. Für Johanna ist gesorgt. Wir können selbstverständlich nicht verreisen, aber dies ist nun wirklich nachrangig.

August / September 2011

Nach dem Ende der Schulferien ändert sich zwangsläufig der Tagesablauf. Zunächst stehe ich wie an jedem Morgen um 6 Uhr auf, hole frischgemachten Kaffee und eine halbe Schnitte Brot und bringe sie zu Hilde, damit ihr Magen vor den frühzeitig einzunehmenden Medikamenten nicht leer ist. Danach steht Johanna auf, macht sich für die Schule fertig und wird um 7.30 Uhr von Christin abgeholt, die zum Glück nur wenige Meter entfernt um die Ecke wohnt. Gemeinsames Frühstücken, worauf wir früher immer Wert gelegt haben, ist nicht mehr möglich. Es würde zu lange dauern, bis Hilde aufgestanden und die Treppe hinuntergestiegen wäre und sich an den Tisch gesetzt hätte. Nachdem das Kind das Haus verlassen hat, fahre ich Hilde in das Bad. Selbstverständlich versucht sie, so weit wie möglich selbst die Toilette zu benutzen, sich zu waschen, die Zähne zu putzen und anzuziehen. Je nach Tagesform klappt dies mehr oder weniger. Danach legt sie sich wieder auf das Bett und nimmt andere Medikamente, die eine Zeit lang wirken müssen. In der Zwischenzeit trage ich den Toilettenstuhl eine Etage tiefer auf die Ebene von Wohnzimmer und Küche und bereite die inzwischen erhöhten Sofas vor. Meistens gelingt es Hilde, langsam mit Hilfe der Krücken die Treppe hinunterzu-

gehen und sich im Wohnzimmer, das auch zum Essen genutzt wird, in den Rollstuhl zu setzen. Dann frühstücken wir gemeinsam. Was früher eine Stunde dauerte, dauert nun zwei bis drei Stunden. Wir gewöhnen uns daran. Jede Tätigkeit hat nun ein anderes Tempo als früher. Jede Handlung erfordert eine eigene Zeit der Ausführung. Die erreichbaren Ziele haben sich geändert, wir akzeptieren es und gewöhnen uns daran.

Da Schulzeit ist und Johanna und Christin außer Haus sind, hat auch Susanne Zeit für uns. Wir besprechen jeden Morgen gemeinsam das Tagesprogramm. Susanne hilft seit Jahren sowohl in der Galerie als auch im Haushalt und kennt sich bestens in unseren Verhältnissen aus. Die „To do-Liste", wie Susanne es ausdrückt, besteht aus zehn bis zwanzig Punkten. Wäschewaschen, Saubermachen, Aufräumen, Einkaufen, Kochen bilden einen Aufgabenbereich. Arztbesuche wegen der Rezepte und Überweisungen, Apothekenbesuche wegen der Medikamente, die Planung der Arzt-, Physiotherapie-, Krankenhaus-, Versicherungstermine gehören zu einem weiteren Aufgabenbereich. Der tägliche Kampf um die Tabletten und Rezepte ist nicht zu unterschätzen. Ärzte, Krankenhäuser und Apotheken sind in eine engmaschige Bürokratie eingewoben. Wieder einmal ist ein Rezept falsch oder unzulässig ausgefüllt, und die Apothekerin ruft bei Hilde an, was, welche Größe, wel-

che Wirkstoffe, welche Ersatzstoffe benötigt würden. Ein anderes Mal radle ich zum Krankenhaus und habe mich dort mit einem Arzt verabredet, der Hilde behandelt, ihren Fall kennengelernt und sich freiwillig bei uns gemeldet hat. Eine Fistel heilt trotz regelmäßiger Wundkontrollen nicht zu. Der Arzt verspricht, er könne ein Fläschchen einer teuren Wundreinigungsflüssigkeit, welche die Krankenkasse nicht bezahlen wollte, uns aushändigen, wenn ich es abholen käme. Es das beste Mittel zur Wundreinigung, das jeden Abend benutzt werden muss. Mit solchen Tricks umgehen wir die bürokratischen Hindernisse.

Dann gibt es noch die Aufgaben im Berufsbereich. Hilde sitzt am Laptop, schreibt Emails, druckt Rechnungen aus, führt Kunden- und Lieferantengespräche und leitet so gut wie möglich die Galerie, die für die Kunden nicht mehr zu festen Zeiten geöffnet, sondern nur noch nach Voranmeldung zugänglich ist. Ich muss lernen, mich auch in die unangenehme Verwaltung einzuarbeiten. „Hast Du es jetzt verstanden?", fragt Hilde mich, nachdem sie mir mehrmals zeigen musste, wie das Kassenbuch zu führen ist. Da ich in einem Auktionshaus arbeite und abends nach Hause komme, bleibt während dieser Zeit Susanne fast rund um die Uhr bei Hilde. „Wir haben so viel Zeit miteinander verbracht", schreibt Susanne, „und viel gelacht und zwei Minuten später

zusammen geweint, um uns dann wieder mit blöden Witzen zum Lachen zu bringen."

Irgendwann nach dem Mittagessen werden Johanna und Christin, die von der Schule heimkehren, empfangen. Dann bilden die Schule, Hausaufgaben, Prüfungen und Schultermine den Mittelpunkt des Geschehens. Hilde und Susanne regeln gemeinsam die schulischen Belange.

Im Laufe der Zeit arbeiten wir alle routiniert zusammen, innerhalb eines gewissen Rahmens gibt es keine unlösbaren Probleme. Susanne und ich teilen uns die Aufgaben und ergänzen unsere Kräfte. Der Alltag fordert uns so stark, dass wir gar keine Zeit zur Besinnung haben. Wir fragen nicht nach, was wir eigentlich tun, wir sind immer tätig, wir sträuben uns vor keiner Aufgabe, wir fordern nichts, wir sind so gut wie gar nicht erschöpft. Nachträglich ist uns bewusst geworden, dass wir während dieser mehr als ein Jahr andauernden Zeitspanne kein einziges Mal krank geworden sind. Ich kann mich an keine Erkältung, keine Grippe, keinen Unfall erinnern. Wir hatten alle unsere Kräfte auf die erkrankte, zu heilende Person gerichtet und auf die Bewältigung der offensichtlichen, sich ständig verändernden Schwierigkeiten konzentriert.

Natürlich besteht der Alltag nicht nur aus Höhen, sondern auch aus Tiefen. Susanne meint:
„Ich weiß, dass Hilde sehr stark auf andere gewirkt und immer gute Laune gezeigt hat, aber ich habe auch eine Hilde kennengelernt, die in dieser schlimmen Zeit oft nachdenklich war, und dass wir uns stundenlang unterhalten haben, was sie noch alles vorhatte."

So durchleben wir alle einen ungewöhnlichen, anstrengenden, abwechslungsreichen Alltag, den wir in dieser Form noch nie kennengelernt hatten und den wir niemals zukünftig wieder antreffen werden, einen Alltag, geprägt durch einen schwerkranken Menschen. Aber noch ist dieser Alltag voller Hoffnung.

September 2011

In der Mitte der Chemozyklen, fast ein halbes Jahr nach der Operation, wird routine- und verabredungsgemäß ein MRT vorgenommen. Die Befundlage ist laut Experten der Uniklinik in K. unerfreulich. Der Tumor ist nicht gewachsen, aber er ist auch nicht verschwunden.
Die Chemotherapie wird abgebrochen, Anfang September wird Hilde aus dem Krankenhaus entlassen.

Hilde reagiert sofort. Die Unterlagen schicken wir sowohl zu den Fachleuten in der Uniklinik in M., die Hildes Krankheitsgeschichte kennen und wo die Operation durchgeführt wurde, als auch in das Klinikum in E., das eine Tumorsprechstunde für Auswärtige anbietet. Dort besuchen wir einen unabhängigen Experten in der Tumorsprechstunde.

Der junge Arzt Dr. W. ist freundlich, konzentriert, interessiert und wirkt kompetent. Er wird erfreulicherweise selbst aktiv und wird nicht, so wie wir es häufig erlebt haben, dauernd angerufen oder von anderen Personen in seinem Zimmer aufgesucht. Er fordert während unserer Anwesenheit von seinen Kollegen in K. telefonisch weitere Ergebnisse bzw. Papiere an und verspricht uns, sich zu Wochenbeginn mit seinem Radiologen zusam-

menzusetzen, sich die Bilder interpretieren zu lassen und so schnell wie möglich uns zu informieren. Grundsätzlich können die Daten anscheinend anders als in K. gedeutet werden. Die im Bild zu sehenden Veränderungen können von der OP herrühren und müssen nicht als Rezidive zu werten sein. Dieser Meinung sind die Fachleute der Uniklinik in M., und auch er neigt dazu, sich dieser Meinung anzuschließen. Natürlich hoffen auch wir, dass keine Rezidive vorhanden sind, und glauben daran, dass die OP erfolgreich war und die Lymphknoten und tumornahen Bereiche tumorfrei sind. Sollten die sichtbaren Veränderungen aber Restbestände des Tumors sein, wären diese nicht mehr operabel. In diesem Fall hätten Chemotherapien und Bestrahlung bestenfalls aufschiebende, sogenannte lebensverlängernde Wirkung. Wir kehren etwas aufgedreht, aber frohen Mutes wieder nach Hause zurück. Die Experten von zwei Krankenhäusern scheinen die Bilder in einem uns günstigen Sinne zu deuten, die anderen Fachleute sind mit ihrer skeptischen Deutung in der Unterzahl. Aufregend und anstrengend ist dieser Besuch. Von diesen Ergebnissen hängen Tod und Leben ab.

November 2011

Die Fachleute einigen sich darauf, die Chemotherapie fortzusetzen. Nach anfänglich guter Verträglichkeit wird sie immer mehr zur Qual. Einige Mittel führen zu tauben Fingern, Hörschwierigkeiten, ungünstigen Leberwerten und Niereninsuffizienz. Die Chemotherapie wird wiederum abgebrochen. Hildes Zustand verschlechtert sich stark, er wird lebensbedrohlich. Unsere Freundin S. hält es nicht für ausgeschlossen, dass Hilde sterben wird. Im Kalender wird notiert: Lufu, Sonographie, Abdomen, CT Thorax ok!, Portnadel, Herz Ultraschall, EKG, Chemo schlecht, Chemo schlecht, Chemo Ende, Pflaster neu, HNO Untersuchung, Nierenversagen!

Nach mehreren Tagen erholt sich Hilde, sie wird entlassen und kommt wieder nach Hause. Wegen der Medikation spricht Hilde auch mit dem Hausarzt Dr. P. Die Schmerzen haben wieder zugenommen. Unser Hausarzt sei ein „toller Typ", so schreibt Hilde in einer Email, die ich gerade lese. Er arbeitet eng mit Hilde zusammen und ist jederzeit sowohl von ihr als auch von Susanne oder mir ansprechbar. Er oder eine seiner stets freundlichen Mitarbeiterinnen kommen häufig zu uns nach Hause, um sich die Wunde der Operation anzusehen,

die nach Monaten immer noch nicht ganz geschlossen ist. Der Arzt ist glücklicherweise nicht nur einfach „nett", sondern auch überaus kenntnisreich in der Medikation und Schmerzbekämpfung. Er hat einen guten Ruf und ist auch bei den Ärzten in den Krankenhäusern anerkannt. Notwendig ist eine Balance zwischen den zahlreichen und starken Medikamenten, und Hilde und Dr. P. unterhalten sich als erfahrene Patientin und Facharzt in diesem Metier. Eine zu starke Dosis verringert die Aufmerksamkeit der Patientin, eine zu schwache führt zu steigenden Schmerzen. Obwohl die Krankheit seit Monaten sich nahezu ungehindert ausgebreitet zu haben scheint und trotz Operation, Chemotherapien und Bestrahlung nicht zu stoppen ist, werden die Schmerzmilderungen so umsichtig durchgeführt, dass Hilde seit der Operation die Schmerzen letztendlich im Griff hat. Wer die Erkrankte kurz vor der Operation erlebt hat, weiß dieses Verdienst unseres Hausarztes hoch zu schätzen.

Auch die aufmerksamen und bereitwilligen Physiotherapeutinnen werden häufig zu Terminen in unser Haus gebeten. Es kann vorkommen, dass die Termine von heute auf morgen oder vom Morgen auf den Abend geregelt werden. Das Haus ist voll von besorgten Helferinnen, die wirklich ihr Bestes geben.

Wahrscheinlich weiß Susanne zu dieser Zeit besser als ich Bescheid, wie es äußerlich und innerlich um Hilde steht. Möglicherweise ist mir ein nüchterner Blick auf die Krankheit unmöglich. Der Antrieb durchzuhalten wird bei mir von der Hoffnung getrieben, einer Hoffnung, die einer sachlichen Grundlage entbehrt. Eindeutig verringert die Krankheit Hildes körperliche Fähigkeiten. Susanne erfährt, dass es Hilde manchmal schwerfällt zu lernen, zu etwas nicht mehr in der Lage sein zu können. Susanne berichtet:

„Sie konnte einfach manche Sachen nicht mehr, und sie konnte manche einfachen Sachen nicht mehr. Treppen hinaufzugehen, das ging nicht mehr."

Schlimm sind auch die Tage, an denen schlechte Nachrichten ankommen. Schwierig ist es, sie den Freunden zu vermitteln. Susanne:

„Ich weiß noch, dass die Freunde von Hilde, als es ihr immer schlechter ging, bei mir anriefen, um zu erfahren, wie es ihr ginge. Ich konnte doch nicht sagen, wie es ihr geht. Es war ihr Leiden, und niemand außer Hilde konnte sagen, wie es ihr geht."

Die Verschlechterung des Gesundsheitszustandes erfordert auf der Gegenseite immer weitergehende Anstrengungen, um die innere Fassung zu bewahren und eine äußere Haltung zu zeigen. „Hilde kommt die Treppe herauf und sagt, sie hätte schon immer gewusst, dass sie an dieser Krankheit stirbt. 'Scheiss alte Eltern!' sagt

sie." Das hört Susanne.

Zum Glück äußert Hilde auch starke und dringliche Wünsche, jetzt sind es frische Früchte: Erdbeeren, Himbeeren, Melone. Sie sind gesundheitsförderlich und schmecken gut. Frisches Obst und Gemüse besitzt einen Geschmack, den die Mahlzeiten im Krankenhaus entbehren. Himbeeren, Erdbeeren, Kürbisscheiben kaufe ich im Supermarkt. Unser Freund G. hat die Früchte schneller als ich besorgt und sie zu Hilde gebracht. Von nun ab stehen immer Schalen gefüllt mit Obst neben Hildes Bett. Die Erfüllung dieser Wünsche ist wichtig, danach ist die Kranke zufrieden. Im Dezember bei minus 10 Grad Kälte fühlt Hilde einen Heißhunger auf gefüllte Auberginen, wie sie nur der Türke im Supermarkt anbietet. Susanne steigt auf das Fahrrad, die Finger sterben ihr fast ab vor Kälte - ich weiß nicht, ob sie bei der menschenleeren Kreuzung vor Rot stehenbleibt-, aber sie holt ihr das Gewünschte. Wir sind froh, dass Hilde sich etwas wünscht, das wir ihr erfüllen können. Wir freuen uns, ihr etwas Gutes tun zu können.

November / Dezember 2011

Die zunehmenden Schwierigkeiten wirken sich nicht nur auf Hilde, sondern auch auf die anderen Familienmitglieder aus. Johanna ist elf Jahre alt. Sie lebt in einem Bewusstsein, selbstständiger zu werden und sich von den Eltern zu lösen. Seit Ausbruch der Krankheit bei der Mutter haben sich aber die bisherigen Beziehungen innerhalb der Familie verändert. Johannas Mutter liegt monatelang in einer fremden Stadt im Krankenhaus und lebt nicht mehr zu Hause. Ihr Vater übernimmt immer häufiger die vordem mütterlichen Aufgaben und verbringt die meiste Zeit außer Haus, um die Mama zu besuchen oder ihr zu helfen. Das Kind nimmt zwangsläufig die Veränderungen wahr und muss sich bemühen, sie zu verstehen und sich darauf einzustellen. Das Kind spürt, nicht mehr Mittelpunkt der Familie zu sein. Die Elfjährige fühlt diesen Verlust und muss ihn verarbeiten. Nicht mehr ihr gilt die größte Aufmerksamkeit der Freunde und Verwandten, sondern der erkrankten Mutter.

Susanne wird häufiger als ich Zeugin dieser Schwierigkeiten. „Ich war einmal in einer Situation, in der ich nicht wusste, wie ich reagieren sollte. Johanna hat mit Hilde heftig gestritten. Es war wirklich nicht schön, aber

Johannas Reaktion konnte ich so nicht hinnehmen. Sie brüllte ihre Mama an und flüchtete mit knallenden Türen in ihr Zimmer unter dem Dach. Ich bin hinter ihr hergelaufen, denn Hilde hat es so traurig gemacht, dass sie nur noch geweint hat. Als ich zu Johanna kam, sagte sie etwas, was auch mir sehr weh getan hat, obwohl ich ja eine 'außenstehende' Person war. Sie sagte: Das ist das Positive an Mamas Krankheit, sie kann nicht mehr in mein Zimmer kommen und mich weiter volllabern."

Schon unter gewöhnlichen Verhältnissen stellt die Erziehung einer elfjährigen Tochter eine Herausforderung für die Eltern dar, wieviel mehr innerhalb dieser Verhältnisse. Auf der anderen Seite darf man nicht vergessen, wie stark unter diesen geänderten Verhältnissen auch das Kind gefordert wird. Es hat notgedrungen ein Verhalten zu erlernen, das es nicht kennt und ihm große Schwierigkeiten bereiten muss. Die kranke Mutter nimmt nun einmal die besondere Stellung in der Familie ein, und alle anderen Familienmitglieder müssen dies anehmen und Rücksicht üben. Susanne schildert einen anderen Streit:

„Ich habe Johanna einige Wochen später zum Weinen gebracht und ich war und bin alles andere als stolz darauf. Es gab wieder Krach und dieselbe Reaktion von Johanna. Ich eilte ihr wieder hinterher und habe etwas

gesagt, das ich später wirklich bereut und wofür ich mich bei Johanna entschuldigt habe. Ich sagte ihr: „Hast du eine Ahnung, wie weh du deiner Mama mit deiner Reaktion tust? Denkst du auch nur einmal richtig darüber nach, dass deine Mama bald nicht mehr da ist und du diese kurze Zeit freundlich und friedlich mit ihr verbringen solltest, jeden Tag mit ihr genießen, den sie noch da ist!" Johanna hat sich in ihr Bett gelegt und bitterlich geweint, Christin versuchte, sie zu trösten. Ich glaube, dass es danach keinen Streit mehr gab."

Natürlich kann ich diese Schilderung nicht ohne einen Zusatz stehenlassen. Um jeglichen Missverständnissen vorzubeugen: Johanna und Hilde hatten zueinander ein verständnisvolles, inniges Verhältnis, so wie man es zwischen Tochter und Mutter und umgekehrt wünscht. Mehr als ein halbes Jahr später werde ich ein Buch in unserer Wohnung finden. Dem Titel nach ist es ein Buch für trauernde Kinder. Auf einer Seite finde ich eine Frage, die an das lesende Kind gerichtet ist. Sie lautet, wie es ihm ginge, wenn es an die schwierigen Momente zwischen Mutter und Tochter denkt. Johanna antwortet und schreibt in die auszufüllenden Zeilen des Buches:
„Es ist schade, dass wir uns so oft gestritten haben, denn sonst hätte ich mehr glückliche Stunden mit ihr gehabt, aber Streit gehört nun mal dazu." Auf einer

anderen Seite schreibt sie an ihre Mama: „Ohne dich ist die Welt nur halb so schön." Und auf die Frage, was das Kind seiner Mutter mitteilen würde, wenn es diese Möglichkeit gäbe, antwortet Johanna: „Ich hätte ihr gerne noch gesagt, dass ich sie liebe und sie die beste Mama der Welt ist."

Zur damaligen Zeit spürt Hilde die wachsenden Spannungen innerhalb der Familie. Wegen unseres Kindes sieht sie sich nach einer psychologischen Beratung um.

Januar 2012

Es scheint kein Zufall zu sein, dass in den bisherigen Seiten von Johanna oder auch von den Kindern Johanna und Christin selten, zu selten die Rede ist. Die Kinder gehören in diese Geschichte. Sie fügen sich ein, aber sie sind in den Hintergrund gerückt. Vielleicht haben sie mehr Beachtung verdient, ich weiß es nicht. Es mag sein, dass mein Fühlen unangemessen, mein Denken und Handeln ungerecht sind und sich nicht im erforderlichen Maß auf Johanna richten. Ich kann nur hoffen, sie nicht in irgendeiner Weise vernachlässigt zu haben. Ich mache dies alles zum ersten Mal in meinem Leben mit, trotz meines Alters habe ich darin keine Erfahrung. Ich hatte keine Möglichkeit zu üben und ich bin sicher, ich werde es kein zweites Mal durchmachen. Ich bemühe mich um verantwortungsvolles, rücksichtsvolles Handeln, das in der Vergangenheit Johanna selbstverständlich einschließen sollte und sie hoffentlich auch heute nicht ausschließt. Nun aber muss von Johanna die Rede sein.

Innerhalb dieses ganzen alltäglichen Wirrwarrs bekommt Johanna gesundheitliche Schwierigkeiten. Wir wollen das Wort nicht in den Mund nehmen, müssen aber feststellen: Auch sie wird krank. Allen fällt es auf.

Wir wissen nicht, wann ihre Krankheit begonnen hat, aber seit Wochen leidet sie. Sie muss häufig auf die Toilette gehen und hat unberechenbaren und quälenden Stuhlgang, sie fiebert, sie nimmt deutlich an Gewicht ab. Diese Art von Kranksein ist Kindern natürlich unangenehm. Johanna ist es besonders unangenehm, während der Mahlzeiten plötzlich aufstehen, ins Bad rennen zu müssen und auf die Toilette zuzustürzen. Sie schläft nicht mehr durchgängig, sucht auch nachts mehrmals die Toilette auf und ist geschwächt. Als ob wir nicht schon genug solcher Termine hätten, gehen wir nun mehrmals zum Kinderarzt. Die Termine bei ihm häufen sich, die Wartezeiten erstrecken sich über Stunden, Rezepte werden ausgestellt und die Medizin wird in der Apotheke abgeholt. Es gibt die üblichen Untersuchungen mit Blutabnahme und Stuhlproben. Ich schreibe Entschuldigungsschreiben für die Lehrerinnen und fahre Johanna verspätet zur Schule. Unsere Freundin S., die Ärztin und selbst Mutter von zwei Kindern ist, bietet wieder ihre Hilfe an. Wir vermuten, dass die Anstrengungen der letzten Monate und der „Stress", um dieses modische Wort zu gebrauchen, Spuren auch bei Johanna hinterlassen haben. Irgendwie müssen diese verrückten Zeiten auch auf unser Kind Auswirkungen zeigen. Die Ergebnisse der Untersuchungen lassen aber keine Rückschlüsse auf die Erkrankung zu. Trotzdem gelingt es mehrmals, Johannas Fie-

ber kurzfristig zu senken. Empfohlen wird auf jeden Fall Ruhe.

Ich greife zu Hildes Kalender, der nun ein anderer Jahreskalender ist. Was sofort auffällt: die Schrift hat sich verändert im Vergleich zum vorherigen Jahreskalender, sie ist krakeliger geworden, aber ich kann sie noch gut lesen. Die Eintragungen: an jedem zweiten Tag Physio, Ergotherapie, CT Strahleninstitut, Urologe, MRT, aber auch: Kinderarzt, Stuhlprobe, Lebenswerk, zwischendurch gemeinsames Frühstück mit Christin und Susanne.

Währenddessen wird uns allen, sogar mir, langsam aber sicher klar, dass Hilde nicht mehr lange zu leben hat. Im Januar und Februar besuchen wir den Arzt in der Uniklinik in K., besprechen die Ergebnisse und fragen, ob wir eher zu Ostern oder im Sommer Ferien gemeinsam verbringen sollen. Der Arzt rät uns, die nächstgelegenen Möglichkeiten zu nutzen, da man nicht wissen könne, wie sich die Gesundheit bzw. die Krankheit entwickele. Ob meine Frau noch das Ende des Jahres erleben werde, wollen wir wissen. Solche Fragen bekäme er häufig gestellt, antwortet der Arzt. Es sei unmöglich, diese Frage mit einiger Sicherheit zu beantworten und er könne uns darauf keine Antwort geben.

Kurzerhand fasst Hilde den Entschluss, zur Karnevalszeit ins nahegelegene Dreiländereck von Deutschland,
Belgien, Niederlande zu fahren. Hilde informiert sich im
Internet, und wir mieten in einem Hotel ein behinder-
tengerechtes Appartement. Die hohen Kosten spielen
jetzt keine Rolle. Behindert zu sein kostet viel Geld. Das
Durchrechnen der Finanzen führt zum gesteigerten
Verständnis, dass Behindertenhaushalte geradzu bank-
rott gehen können. Aber in dieser Lage ist der Blick auf
die Finanzen unangebracht, die Gesundheit der Familie
hat eindeutig Vorrang. Weit über ein Jahr ist es her,
dass wir drei gemeinsam einen Urlaub verbracht haben.
Das Appartement im Hotel ist praktisch und angenehm.
Hilde kann mit dem Rollstuhl das Bad, die Küche, das
Wohnzimmer und das Schlafzimmer erreichen. Ich kann
sie sogar in den kleinen, allen Gästen zugänglichen
Frühstücksraum fahren, wo sie die einzige im Rollstuhl
sitzende Person ist. Diese Tatsache ist nicht selbstverständlich, ich könnte stundenlang davon erzählen, was
es heißt, im Rollstuhl sitzen zu müssen und mit hohen
Bordsteinen, Straßenpflaster, Stufen, versteckten Toi-
letten, kleinen Aufzügen, kurzen Ampelphasen zu
kämpfen und bei Rot die Straße überqueren zu müssen.
Hier aber ist die Wohnung in der Tat behindertengerecht, und wir alle, unübersehbar auch Johanna,
genießen die Erholung.

In diesem Urlaub suchen wir keine Sehenswürdigkeiten auf. Wir benötigen nichts Überwältigendes, Abenteuerliches, Aufregendes. Nur selten unternehmen wir Ausflüge, und diese müssen umsichtig geplant sein. Es liegt draußen ungewöhnlich viel Schnee. Der Hotelier erzählt uns, dass es in den Niederlanden keine Winterreifenpflicht gibt und dass es schon bei geringstem Schneefall zum Verkehrschaos kommt. Die Straßen werden nicht vom Schnee geräumt, Schneepflüge gibt es nicht. Wir fahren den höchsten Berg hinauf und besteigen auf dessen Spitze den Aussichtsturm. Hilde, die nicht mitkommen kann, nimmt im Restaurant Platz. Ihr Abenteuer besteht darin, mit den Krücken die Toilette zu erreichen, wozu sie lange Zeit braucht, weil der Weg für sie weit und durch Stufen erschwert ist, aber was ihr schließlich gelingt. Nach der Rückkehr ins Hotel ruhen wir uns im Zimmer aus. Es gibt Fotos davon, wie Johanna auf dem Sofa liegt und liest, ein zierlicher kleiner Mensch, ernst, ruhig, blass, erschöpft, abgemagert. In unserer kleinen Familie sind also zwei Personen erkrankt. Wir gewöhnen uns schon fast an das Kranksein, Gesundheit bildet eine Ausnahme. Aber der gemeinsame Urlaub verschafft uns Ruhe und Entspannung.

An einem anderen Tag fahren wir nach Lüttich, um uns dort die Treppenanlage der Montagne de Bueren anzusehen. Hilde und ich haben sie schon vor Jahren gese-

hen und wollen sie unserer Tochter zeigen. Wir finden in der Nähe einen Parkplatz, packen Hilde in Wolldecken ein, und trotz der Kälte schiebe ich Hilde, die im Rollstuhl sitzt, auf dem Kopfsteinpflaster bis zum Ziel. Ich bin versessen darauf zu fotografieren und steige einige Stufen hinauf und versuche, die Architektur im Bild festzuhalten. Ich Esel fotografiere die große Treppe als Vordergrund, Frau und Kind sind kaum erkennbar in winzigem Maßstab im Hintergrund abgebildet. Hilde sollte sich später – völlig zu Recht – darüber aufregen. Wie zur Bestrafung fehlen uns heute die geeigneten, erinnerungswürdigen Fotos von diesem Aufenthalt. Ich hätte gerne ein Foto von Hilde und Johanna vor dieser Treppenanlage, aber es ist – wie so vieles – einfach nicht mehr möglich. Solche Kleinigkeiten trüben die Erinnerung.

So erholsam der Urlaub auch ist, er schafft keine Abhilfe von Johannas Leiden. Manchmal müssen wir sogar sonntags eine Klinik aufsuchen, weil der Zustand des Kindes besorgniserregend ist. Da der Kinderarzt keine schlüssigen Ergebnisse erhält, überweist er verantwortungsvoll unsere Tochter an das Kinderkrankenhaus, wo, wie er hofft, sie von Grund auf untersucht werden würde. Trotz entsprechender Überweisungen, trotz Terminabsprachen und kollegialen Telefonaten werden wir dort von einem Arzt, zu dem uns eine Person von der

Anmeldung schickt, zunächst abgewimmelt. Er teilt uns seine Ansicht mit, Johanna solle erst einmal nach Hause gehen und nächste Woche wiederkommen. Der Arzt wendet sich ab, lässt uns stehen und geht weg. Ich blikke mich hilfesuchend um. Wir kehren nicht um. Ich stehe wie an einer Ampel, und nie zeigt sie mir Grün. Unserer Tochter geht es schlecht, ich kann kein Rot akzeptieren, ich kann und darf nicht warten. Ich höre nicht auf den Arzt, ich muss die Grenze überschreiten, wir suchen eine andere Person. Eine Ärztin, die sich in der Annahmestelle aufhält, ist ansprechbar. Glücklicherweise wendet sie sich Johanna zu, betrachtet sie sich eingehend, nimmt ihr schlechtes Aussehen wahr und nimmt sie in das Untersuchungszimmer mit, wo sie eine Kollegin hinzuzieht und eine Stunde lang Johanna untersucht. Danach schickt sie unsere Tochter persönlich zum Röntgen. Dieser Ärztin und dem Kinderarzt bin ich dankbar. Sie sind dafür verantwortlich, dass die Krankheit erkannt wird und dann behandelt werden kann. Ich habe später von Fällen erfahren, in denen diese Krankheit noch nach Jahren nicht erkannt worden ist, was zu unglaublichen gesundheitlichen Schwierigkeiten der betroffenen Menschen führt. Johannas Krankheit wird also verhältnismäßig früh, das heißt hier nach wenigen Monaten, erkannt. Es besteht der Verdacht auf Morbus Crohn.

Johanna, krank, im Hotel in Epen, Niederlande, Februar 2012

Hilde und Johanna vor der Treppenanlage der Montagne de Bueren in Lüttich, Belgien, Februar 2012

24. Februar – 06. März 2012

Johanna wird ins Krankenhaus eingeliefert. Dort wird sie voraussichtlich einige Wochen bleiben müssen. Ich kann sie nicht so häufig besuchen wie ich will, da ich immer noch meine Arbeitsstelle im Auktionshaus innehabe und dort arbeite. Hilde beschließt, in das Kinderkrankenhaus zu fahren und dort Johanna zu besuchen. Sie fragt einen Fahrer, der sie häufig morgens zu Untersuchungen in die Uniklinik bringt, ob er sie auf ihre Kosten auch ins Kinderkrankenhaus fahren könne. Übrigens habe ich leider auch diese Fahrten nicht dokumentiert, und als Hilde mich ärgerlich darauf hinweist, dass ich sie nie fotografieren würde, mache ich einige wirklich bescheuerte Fotos.

Hilde organisiert also einen Fahrdienst. Die im Rollstuhl sitzende schwerkranke Mutter lässt sich in einem Kleintransporter zum Krankenhaus bringen, um dort ihr ebenfalls schwerkrankes Kind zu besuchen. Sie trifft auch den fähigen, zuständigen Arzt und die Ernährungsberaterin und bespricht, wie das Kind später zu Hause zu behandeln ist. An einem anderen Tag begleite ich Hilde, und wir fahren zu zweit ins Krankenhaus. Vom Parkhaus fahre ich den Rollstuhl ins Krankenhausgebäude, schiebe ihn in verschiedene Aufzüge

Hilde, im Rollsrtuihl sitzend, im Kleintransporter während einer Fahrt zur Uniklin
Februar 2012

und bringe ihn endlich zu dem Zimmer, wo mehrere kranke Kinder und auch Johanna in ihren Betten liegen. Die meisten Begleitpersonen in dem Zimmer sind die Mütter, die auf Stühlen vor den Betten ihrer Kinder sitzen. Es herrscht ein lautes und aufgeregtes Gewimmel, und mittendrin sitzt Hilde im Rollstuhl und kümmert sich wie die anderen Frauen um ihr Kind. Die anderen Frauen sehen, wie schwer Hilde von ihrer Krankheit gezeichnet ist, und alle Mütter unterhalten sich angeregt miteinander und bilden eine spürbar zusammengehörige Einheit. Dieser Anblick ist einfach schön, erstaunlich, rührend, wunderbar, unaussprechlich, ich habe so etwas noch niemals gesehen. Diesem Augenblick haftet etwas Verrücktes an, verrückt aus der Mitte des gewohnten Lebens.

Einen gewissen Überblick über die äußere Situation und Hildes Gefühlslage findet sich in einem Schreiben, das Hilde zu dieser Zeit an eine befreundete Frau sendet. In der Uniklinik in M. hatte sich Hilde mit einem am Fuß erkrankten Mädchen angefreundet und auch deren Mutter kennengelernt. An sie schickt Hilde eine Email und fasst die folgenden Neuigkeiten zusammen:
Liebe Frau K., „bitte seien Sie nicht böse mit mir, weil ich mich erst jetzt bei Ihnen melde, doch läuft leider wirklich nicht alles so wie es sollte. Meine Tochter ist zur Zeit im Krankenhaus, weil sie seit geraumer Zeit

Durchfälle hatte, und man hat bei Ihr eine chronische Darmentzündung festgestellt. Bei mir läuft es auch nicht soooo gut. Am Mittwoch ist meine letzte Bestrahlung. Leider habe ich sowohl ein Rezidiv als auch Metastasen. Da kann man leider nicht mehr viel machen. Trotzdem geht es mir einigermaßen gut. Meine Schmerzen sind z.Z. unter Kontrolle, und Ergotherapie und Physiotherapie helfen auch ganz gut. Sie können gerne mal einen Termin ins Auge fassen, wann Sie vorbeikommen möchten. Ich denke, man kann das kurzfristig telefonisch klären." Leider ist es zu diesem Treffen nicht mehr gekommen.

Währenddessen vereinbare ich mit Johannas Klassenlehrerin in der Schule einen Termin. Die von den Kindern hochgeschätzte Lehrerin soll über die Umstände zu Hause informiert werden: Meine Frau ist krebskrank, meine Tochter ist an Morbus Crohn erkrankt. Anders ausgedrückt: Die Schülerin Johanna ist erkrankt und wird mehrere Wochen in der Schule fehlen, und die Mutter dieser Schülerin ist todkrank. Ich erzähle der Lehrerin von den Ereignissen zu Hause und im Krankenhaus. Dabei kann ich nicht mehr sitzen, sondern stehe auf, gehe umher, tigere um die junge Lehrerin herum, die sich umdrehen muss, um mich bei meinen Runden um ihren Stuhl mit ihren Blicken verfolgen zu können. Sie hört mir zu, und ich merke, dass

ich ihr viel abverlange. Sie wirkt ein wenig mitgenommen und dankt mir am Ende dieses allzu einseitigen Gespräches für meine schonungslose Offenheit. Sie beruhigt mich, sie würde sich an den Schulpsychologen wenden und auf Johanna aufpassen. Beim Hinausgehen spüre ich, dass diese junge Lehrerin etwas von unserer Not begriffen hat. Irgendwie bin ich ihr tief dankbar.

Nach einigen Wochen Krankenhausaufenthalt darf Johanna wieder nach Hause zurückkehren. Der anfängliche Verdacht hat sich bestätigt. Morbus Crohn ist eine chronische Entzündung der Verdauungsorgane. Johanna muss auf ihre Ernährung achten und eine mehrstufige Ernährungstherapie während der folgenden Wochen befolgen. Sie kann sich nicht mehr in gewöhnlicher Weise ernähren, sondern muss eine täglich neu zu bereitende, sogenannte Astronautennahrung zu sich nehmen. Es ist für das Kind eine ungeheure Willensanstrengung, in dem angegriffenen und geschwächten Zustand diese Ernährungsweise streng kontrolliert durchzuführen und während mehrerer Monate durchzuhalten. Mir steht genau vor Augen, wie Hilde im Rollstuhl sitzend gemeinsam mit Susanne in der Küche die Flaschen spült, das nahrhafte Pulver abmisst, Wasser kocht und die Flaschennahrung neu zubereitet. Täglich morgens werden diese Vorgänge wiederholt. Johanna

nimmt diese Flaschen in die Schule mit und muss auf Mensaessen, Butterbrote und Süßigkeiten verzichten. Geburtstagsfeiern bei Freundinnen stellen eine besondere Herausforderung für sie dar. Wochenenden, Ferien, Feiertage muss sie mit ihrer eintönigen, nur mit wenigen Geschmacksrichtungen zu bereichernden Astronautennahrung durchstehen. Aber sie steckt nicht auf, hält tatsächlich bis zum Ende durch und bedient sich ausschließlich der darm- und magenschonenden Ernährung. Hilde ordnet sich in den wiederum geänderten Alltag ein und sorgt für den Gesundungsprozess ihrer Tochter, und Susanne ist entschlossen, beiden schwerkranken Menschen zu helfen. Darüber hinaus ist sie gefordert, sich um ihre Tochter und ihren Mann zu kümmern. Ich habe keinen Überblick mehr über das alltägliche Geschehen. Das Bewusstsein einer gewissen Normalität ist mir abhanden gekommen, das Ungewöhnliche ist Normalität geworden: unglaubliche Zustände, unglaubliche Zeiten, unglaubliches Verhalten aller Beteiligten.

Hilde mit Freunden am Kanal bei Luyksgestel, Niederlande, Mitte April 2012

Anfang April 2012

Es sind Osterferien. Wir freuen uns. Wir fahren wie gewohnt zu zwei Familien ins nahegelegene Holland. Längere Autofahrten wären ohnehin nicht mehr möglich. Die Unterkunft ist entgegen der Beschreibung keinesfalls behindertengerecht. Hilde rutscht am ersten Tag auf dem glatten Boden des Badezimmers aus, stürzt und leidet unter diesen Sturzschmerzen. Sie merkt ironisch an, es sei ihr zu gut gegangen und deshalb sei sie unvorsichtig gewesen. Merkwürdige Aussage einer tumorkranken Person, für andere Personen kaum nachvollziehbar! Natürlich werfe ich mir vor, die Kranke entgegen meinen sonstigen Gewohnheiten allein gelassen zu haben. Aber auch hier und jetzt stellen wir uns auf die geänderten Verhältnisse ein: wir schlafen im Erdgeschoss in der Waschküche und können Bad und Toilette benutzen, die auf derselben Etage liegen. Auf die großen, bequemen Schlafzimmer im ersten Stock, die nur über eine steile und schmale Treppe zu erreichen sind, verzichten wir. Ausflüge ins nahe Umland werden gemeinsam durchgeplant und ausgeführt. Unser Freundespaar C. und W. schieben Hilde im Rollstuhl am Kanal entlang. Die beiden Kinder Johanna und N. sind guter Dinge, springen Trampolin, spielen Verstecken, angeln. Johanna wird von uns allen darin unterstützt, aus-

schließlich die Astronautennahrung zu sich zu nehmen. Wir verbringen die Zeit mit dem feierlichen Gefühl, das wir dies alles zum letzten Mal gemeinsam tun. Allen Widrigkeiten zum Trotz ist es tatsächlich ein schöner Urlaub, der letzte gemeinsame Urlaub mit Hilde.

Für den Sommer plant Hilde, noch einmal mit uns zu verreisen. Sie sieht Karten, Prospekte und Angebote durch. Sie spricht am Telefon mit ihrer Freundin U. darüber. Ihr teile ich kurz darauf in einer Email mit, dass sie Hilde besuchen kommen solle, um sie noch lebend anzutreffen. U. ist geschockt, sie kann nicht glauben, dass dieser Urlaub, der vor zwei oder drei Wochen noch Gesprächsthema war, für Hilde nicht mehr zu bewältigen ist. Aber die zu erwartende Lebensspanne wird immer kürzer, die Zeiträume verringern sich in atemberaubender Weise. Johanna wünscht sich, ihr Schulzeugnis ihrer Mama noch zeigen zu können - dies gelingt ihr nicht mehr.

Gemeinsam regeln Hilde und ich dasjenige, was nach dem Zeitpunkt des Todes bedacht werden sollte. Ein Termin beim Notar wird vereinbart, und wir stellen uns gegenseitig eine General- und Vorsorgevollmacht aus. Der Leiter der Bank wird über die veränderten zukünftigen Geschäftsbeziehungen persönlich in Kenntnis gesetzt. Mit Hilfe meines Bruders verfassen wir ein ge-

meinschaftliches Testament, in dem das Erbe und das Sorgerecht für unsere Tochter geregelt werden. Wir besprechen die geschäftliche Zukunft. Ich werde die Arbeitsstelle im Auktionshaus aufgeben und die Galerie übernehmen. Auf diese Weise kann ich zu Hause arbeiten und bin für unsere Tochter da, wenn sie aus der Schule kommt.

In loser Reihenfolge über einen Zeitraum von mehreren Monaten, noch zu Lebzeiten Hildes bis nach ihrem Tod, kommt uns Herr P. von der Vereinigung „Kinder krebskranker Eltern" besuchen. Er ist scharfsinnig, phantasiebegabt, geduldig. Gemeinsam finden wir beim Gespräch heraus, dass Hilde in einer besonderen Art und Weise die Zukunft vorbereitet hat, so dass wir uns keine Sorgen um Johanna zu machen bräuchten. Herr P. vermutet, für Johanna sei vorgesorgt. Sie würde nicht haltlos sein, sondern vorgeprägte Bahnen einschlagen. Das Kind sei eine starke Persönlichkeit, wie ihre Mutter. Unsere Tochter, die sowieso ihrer Mutter im Verhalten ähnlich sei, wandelte auf mütterlich vorgeschlagenen Pfaden. Hildes Stärke würde demnach nicht durch den Tod vernichtet, sondern an Johanna weitervermittelt. So fände eine Fortsetzung statt, und es würde sich dann zeigen, dass der Tod keinen plötzlichen Stillstand und keine Umkehr mit sich brächte. Diese Einsicht leuchtet uns ein, beruhigt uns zugleich und tut uns wohl.

29. Mai 2012

Wiederum wird ein morgendlicher Termin in der Uni-klinik zwecks Prüfung und Besprechung der Fortsetzung der milden Chemo vereinbart. Außerdem leidet Hilde seit einiger Zeit an Fieber, das trotz Einnahme verschiedener Medikamente nicht sinkt. Die Medikamente scheinen das Fieber nicht dauerhaft beseitigen zu können. Das wievielte Mal sind wir in den Krankenhäusern, zum 10-ten, 100-ten, 1000-ten Mal?

Hilde ist diszipliniert und trägt in ihren Kalender weitere Termine ein. Die Geburtstage der Freunde und Verwandten hatte sie schon am Anfang des Jahres notiert, jetzt fügt sie Johannas Schul- und Ferientermine und sogar noch einen Doppelkopf-Spieltermin mit unseren Freunden L. und G. hinzu. Neben den fast täglichen Terminen mit den Physiotherapeutinnen steht in immer noch lesbarer Handschrift geschrieben: Blutabnahme, Chemo, Lotsin B., HNO, Ergo, ASB Uniklinik, 10 Uhr Ebene 6 Anmeldung, Becken, Ebene 5 Anmeldung usw. Es sind Hildes letzte eigenhändige Eintragungen.

Der Weg zum Krankenhaus und die Fahrtdauer sind bekannt, die Unterlagen werden durchgezählt, der

Rollstuhl wird zusammengeklappt. Hilde geht auf Krücken langsam die Treppe hinunter und versucht dies so eigenständig wie möglich zu bewältigen. Unterstützung nimmt sie nur dann an, wenn sie erforderlich ist. Unten auf dem Bürgersteig setzt Hilde sich in den Rollstuhl, während ich das Auto wie gewöhnlich für die Fahrt vorbereite. Der Kombi wird geholt, herangefahren und halb auf den Bürgersteig geparkt. Mit verschiedenen Tricks setzt sich Hilde in das Auto, balanciert einige Sekundenbruchteile auf einem Bein, schwingt sich in das Auto, wobei eine Sitzerhöhung auf dem Beifahrersitz sich als günstig und bequem erweist. Dann wird der zusammengeklappte Rollstuhl auf der Ladefläche verstaut. Nachbarn schauen manchmal zu, Fussgänger eilen von den Nachbarhäusern zu uns und unterhalten sich kurz mit Hilde. Und jetzt geht es los Richtung Krankenhaus. Es gibt Hauptverkehrszeiten, die es erschweren, das Krankenhaus zu erreichen. Zur vollen Stunde sollte man nicht versuchen, die Tiefgarage aufzusuchen, weil dann viele Patienten mit dem Auto kommen oder herangefahren werden. Nach einer Weile erreichen wir die Zufahrt zur Tiefgarage, lösen einen Parkschein, so dass sich die Schranke hebt. Die Suche nach einem freien Platz ist schwierig, wir finden einen Platz für Behinderte – meine Frau ist nun mal behindert - und wieder beginnt das alte Spiel: der Rollstuhl wird ausgeladen und ausgeklappt, die Beifahrertüre wird so

weit wie möglich geöffnet, ich fahre den Rollstuhl zur Beifahrertür heran, stelle ihn fest, Hilde versucht mit den schon eingeübten Tricks, sich mit den Krücken und mit meiner Hilfe herauszubefördern und in den Rollstuhl zu setzen. Trotz aller Aufregung dürfen wir nicht vergessen, die Unterlagen mitzunehmen. Wir erreichen den Aufzug und suchen die erste Anmeldestelle im Erdgeschoss, mit einem anderen Aufzug fahren wir in das entsprechende Stockwerk und suchen dort wieder eine andere Anmeldestelle auf, ziehen eine Wartenummer und warten. Dann erhalten wir im Anmelderaum die Aktenordner, unseren eigenen Ordner oder genauer gesagt, die Ordner mit den Krankheitsunterlagen und -dokumenten von Hilde, und werden dann zu einem Raum mit dem zuständigen Arzt oder zur Ärztin geschickt. Dort warten wir, bis wir das Arztzimmer betreten können bzw. bis ich den Rollstuhl in das Zimmer fahren kann. Endlich haben wir unsere Ansprechperson gefunden, endlich hat der Arzt oder die Ärztin die kranke Person, um die es geht, vor sich. Jetzt folgen die entscheidenden Augenblicke, dafür waren wir stundenlang unterwegs.

Der Arzt teilt meiner Frau ein niederschmetterndes Ergebnis mit: Metastasen haben sich gleichsam ungehindert weitergebildet, der Tumor hat sich verbreitet und ist in Lunge und Beckenbereich verstreut. Die Chemo-

therapie war sinn- und wirkungslos und wurde ausgesetzt. Die Strahlentherapie wird beendet. Letztendlich haben alle drei sogenannten Säulen der Heilung, Operation, Chemotherapie und Bestrahlung, nichts genützt. Das weitere Vorgehen sieht folgendermaßen aus: sofortige Unterbringung auf einer Station, Suche nach einem freien Zimmer und freien Bett. Am Schluss folgt die Eröffnung, dass keine lange Lebensdauer mehr in Aussicht ist. Alles dies wird uns in wenigen Minuten erläutert, es geht rasend schnell, man wird in den Strudel der Ereignisse mitgerissen. Gleichzeitig fühle ich mich fremd in diesen Ereignissen, als ob wir gar nicht dazugehören oder als ob wir Zuschauer wären und ein Schauspiel verfolgen, das uns gar nicht angeht oder, um es etwas zeitgemäßer auszudrücken, als ob wir im falschen Film wären. Auch in dieser Szenerie, worinnen der Tod verkündet wird, brechen wir nicht zusammen, wir wahren Form und Haltung. Wir reichen dem Arzt die Hände und verabschieden uns. Wir beraten uns vernünftig, welche Kleidungsstücke und andere Gegenstände für die Übernachtung und für die Pflege am folgenden Tag notwendig seien und welche Sachen in den sogenannten Kulturbeutel – was für ein lustiger Name für dieses Ding – hineingehören. Mittlerweile ist es Nachmittag geworden.

Wie betäubt verlasse ich Hilde und taumele zum Auf-

zug, fahre hinunter, löse meine Parkkarte und bezahle die Gebühren, die, weil so viele Stunden vergangen sind, fast den Höchstbetrag erreichen. Ich benutze den anderen Aufzug zur Tiefgarage und gehe zum Auto. Die Windschutzscheibe ist völlig verschmiert. Auf ihr klebt ein großes, vorgefertigtes beschriftetes Blatt, und ich lese, dass hier ein Fahrzeug ohne gültigen Ausweis auf einem Behindertenparkplatz steht. Ich will das Blatt von der Scheibe abreißen, aber der Klebstoff ist ungewöhnlich stark und ich kann nur kleine Papierfetzen entfernen. Der dick auf der ganzen Fläche verteilte schleimige Klebstoff und die noch haftenden Papierreste sehen ekelhaft aus und bedecken die gesamte Windschutzscheibe. Mein Unvermögen, Klarheit zu schaffen, steigert sich zur Wut und ich versuche, dies alles hier zu verstehen. Ich habe doch an diesem Tag meine schwerkranke Frau auf den Parkplatz gebracht, ich hatte einen Parkplatz dringend benötigt, und ich habe einen Menschen gefahren, der wenig später erfahren sollte, dass er nur noch eine kurze Zeit zu leben hat. Wer hätte denn sonst einen Behindertenparkplatz nötiger gehabt als diese Person. Ich bin völlig aufgebracht und blicke mich um, sehe aber niemanden. Hätte ich die klebenden Gerechtigkeitsfanatiker gesehen, ich hätte mich auf sie gestürzt, sie angeschrien, ihnen etwas von Krebs und Tod zugeschrien, sie geschlagen. Ich weiß nicht, was ich noch alles getan oder

ihnen angetan hätte. Ich hatte morgens eine todkranke, auf Hilfe angewiesene Person gefahren und wurde später mit unübersehbaren Mitteln darauf hingewiesen, keinen amtlich gültigen Ausweis angewendet zu haben. Ich wurde bestraft. Ich hatte nicht daran gedacht, einen Zettel in das Auto zu legen und den Sachverhalt zu erläutern. Vielleicht hätte ein Schreiben diejenigen, die das Auto verschmierten, besänftigt. Hilde hatte einfach keinen Sinn mehr darin gesehen, den Behindertenausweis zu beantragen. Die mehrseitigen Schriftstücke lagen halbausgefüllt zu Hause. Diese Papiere komplett einzureichen, eine amtliche Zusage zu erhalten und den gültigen Ausweis in den Händen zu haben, das hätte viel zu lange gedauert, davon abgesehen, dass Hilde zu dieser Zeit durch die Chemo kahlköpfig geworden war und sich nicht fotografieren lassen wollte. Außerdem wusste Hilde schon, dass die restliche Lebensdauer kurz sei. Wütend laufe ich die Treppen hinauf zu einer offiziellen Person in der Anmeldung, die selbstverständlich jegliche Schuld von sich weist und angeblich nichts davon weiß. Wütend erzähle ich später diese Geschichte meinen Freunden und Verwandten, die ein erstaunliches „Ja, aber" bekunden. Ja, auch sie würden immer wieder diesen Arschlöchern begegnen, die in unberechtiger Weise sich auf die Behindertenparkplätze stellen würden, und ja, warum ich denn nicht wenigstens provisorisch einen Zettel im Auto hin-

terlassen hätte. Immer wieder dieselben Argumente, immer wieder mein Eingeständnis, es in dieser Situation einfach vergessen zu haben. Aber ich bin mir sicher, es gab an diesem Tag keine unberechtigtere Form von Selbstjustiz. Seitdem ist mir diese Selbstjustiz verhasst.

So bleibt mir kein Trost an diesem Tag. Selbst die Erinnerung an diesen Tag ist verpfuscht.

Anfang Juni 2012

Hilde ist in der Palliativstation, die in einem gesonderten Gebäude untergebracht ist, angekommen. Ich erinnere mich, dass ich in irgendeinem Stockwerk des Krankenhauses aus einem Zimmer, in dem Hilde vor Monaten lag, auf ein schon vom Grundriss her auffälliges Bauwerk aufmerksam geworden war und eine Schwester gefragt hatte, was dies denn für eine Einrichtung sei, die einen Garten mit Bäumen und geschwungenen Wegen und auf sie zugerichtete Zimmer im Erdgeschoss besäße. Im Unterschied zu den in die Höhe gerichteten, mehrstöckigen Gebäudemassen geht dieses ein- oder zweistöckige Bauwerk beneidenswert verschwenderisch mit dem Raum um. Die Schwester hatte mir geantwortet, dies sei die Palliativstation, wo unheilbar Erkrankte während ihrer letzten Lebenszeit versorgt würden.

Nun verbringt Hilde ihre Tage in dieser merkwürdigen Einrichtung des Krankenhauses. Wie selbstverständlich finden sich zu dieser Zeit, in diesem Abschnitt des Lebens und Sterbens, die Freunde ein, sie sind anwesend, hilfreich, leben und leiden mit. So wie sie früher die Freunde der gesunden Hilde waren, so sind sie jetzt Freunde des todkranken Menschen. Ich stehe heute

unter dem Eindruck, dass seit dem Zeitpunkt, als bekannt wurde, dass Hildes Krankheit nicht besiegt sei, der Freundeskreis sich veränderte. Die Tatsache, dass im Gegenteil die Freundin unweigerlich dem Tod immer schneller entgegeneile, ließ diese Gemeinschaft der Freunde noch fester und noch enger zusammenrücken. Die Gemeinschaft nimmt das tödlich erkrankte Mitglied in einer besonderen Art und Weise auf, sie macht es sich zur Aufgabe, so gut wie möglich für die Kranke zu sorgen. Alle Personen kommen zu Besuch, gleichgültig aus welchen verschiedenen Kreisen sie stammen, ob aus dem Kindergarten, der Schule, der Universität, dem Kleinkindergottesdienst oder aus dem Verwandtenkreis. Sie alle erfahren, wie Hilde lebt und und stirbt. Sie bilden die Gemeinschaft, worin dem Tod, vielleicht bis auf wenige uns unbekannte Sekunden oder Minuten, das Schreckliche genommen wird. Sie tragen selbst mit dazu bei, diesen Übergang vom Leben zum Tod zu ermöglichen. Diese Freundschaften sind so stark, dass sie über den Tod der Verstorbenen hinaus andauern und sich bewähren.

Während der wenigen Tage in der Palliativstation wird Hilde von vielen Menschen besucht. Unsere Freundin C. ist über 80 Jahre alt und nimmt es auf sich, mehr als eine Stunde mit der Straßenbahn zu fahren, mehrmals umzusteigen und verschiedene Linien zu benutzen und

Hilde aufzusuchen. Der älteste Sohn von C. hatte hier auf dieser Station gelegen. Er ist als 40-jähriger gestorben, nachdem sein Kopf immer mehr in Mitleidenschaft gezogen, in immer kleinere Scheiben aufgeteilt wurde und immer häufigeren Operationen unterzogen worden war. Von daher kennt C. dieses Gebäude und einige Krankengeschichten, die sich darinnen abspielen.

Auch hier und jetzt geschieht Komisches. Hilde macht die beiden Freundinnen B. und S., die bei ihr sitzen, darauf aufmerksam, dass nur wenige Männer von den befreundeten Paaren sie besuchen kämen. R. sei bisher der einzige Mann gewesen und eine Ausnahme. Am nächsten Tag kommen die beiden Ehemänner der beiden Freundinnen zu Besuch. Hildes Hinweis zeigt Wirkung, und an diesem Tag wird das Zimmer immer voller von Besuchern einschließlich der beiden zum Besuch angestifteten Männer.

Wir selber bilden einen Teil einer anderen komischen Geschichte. Die Spiele der Fußball-Europameisterschaft beherrschen die öffentliche Stimmung. Am Abend steht das Spiel Deutschland gegen Niederlande an. Hilde hatte schon seit ihrer Kindheit Spaß am Fußball gehabt, und so sehen wir uns, mein Bruder, meine Schwägerin, Johanna, Hilde und ich, im Krankenzimmer das Fussballspiel im Fernsehen gemeinsam an. In dem Au-

genblick, als ein Tor für Deutschland geschossen wird und wir in Jubel ausbrechen, wird die Zimmertür geöffnet und eine Schwester fragt, was es gäbe. Wir brüllen vor Lachen.

Ein Foto, das meinen älteren Bruder und seine Frau im Gespräch mit Hilde zeigt, spiegelt die Stimmung dieser Tage wider. Hilde ist anzusehen, dass sie sich bemüht zuzuhören, aber längst nicht mehr im Vollbesitz ihrer Kräfte ist. Johanna liegt im Bett neben Hilde und leckt am Eis. Auf einem anderen Foto ist zu sehen, wie Hilde in die Kamera blickt. Dieser Blick ist geradlinig, bewusst, aber nicht mehr ganz klar, mehr verschleiert. Schläuche für eine erhöhte Sauerstoffzufuhr stecken in der Nase. Ein Arm berührt den Rücken ihres Kindes. Wie selbstverständlich liegt auch hier Johanna neben ihrer Mama im Bett und widmet sich dem Speiseeis. Es ist eines der letzten und schönsten Zeugnisse von Mutter und Kind.

An einem Wochenende finden auch mein jüngerer Bruder und meine Schwägerin Zeit und Gelegenheit, Hilde in der Palliativstation zu besuchen. Nach einer angeregten Unterhaltung begleite ich sie beim Abschied. Wir verlassen das Krankenhausgelände und streben ihrem Wagen auf einem Parkplatz zu. Bevor sie einsteigen, fragt mein Bruder mich, wie lange Hilde noch leben werde. Ich antworte, dass wir mit wenigen Wochen

rechnen. Mein Bruder ist unbeweglich, still, abwartend. Ich vermag nichts mehr zu sagen und gehe. Mir ist bewusst, dass ich nicht weiß, was ich sage. Ich gebe eine Auskunft, aber ich weiß eigentlich nicht, was sie bedeutet.

Die Zukunftsaussichten und Terminangaben lassen an Klarheit nichts zu wünschen übrig. Ich schicke an unseren Hausarzt eine Email folgenden Wortlauts:
Sehr geehrter Herr Dr .P., „meine Frau hat mir aufgetragen, Ihnen mitzuteilen, dass die Dosis der Schmerztabletten erhöht wurde. Meine Frau liegt derzeit auf der Palliativstation. Wir bemühen uns, dass sie Anfang nächster Woche nach Hause kommt, um hier in absehbarer Zeit sterben zu können."

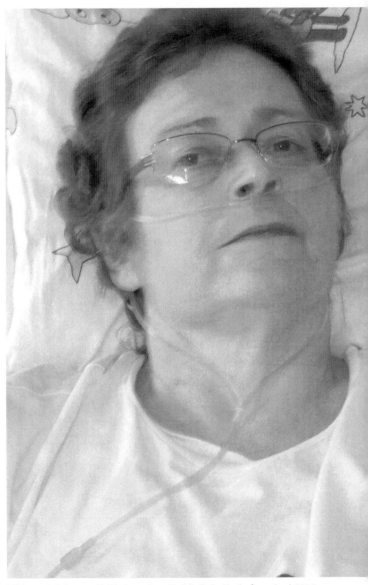

Hilde und Johanna, Palliativstation, Uniklinik in K., Anfang Juni 2012

10. / 11. Juni 2012

Die Verlegung Hildes von der Palliativstation nach Hause steht auf dem Tagesprogramm und wird besprochen. Es findet ein abschließendes Gespräch zwischen uns auf der einen Seite mit der Aufsicht führenden Ärztin auf der anderen Seite statt. Die Ärztin ist konzentriert, sie spricht langsam, deutlich und klar. Zunächst nutzt sie die Gelegenheit, Hilde zu loben und sie vorteilhaft zu beschreiben. Diese fremde, uns gegenübersitzende Person hat in den wenigen Tagen, in denen sie Hilde kennengelernt hat, schon festgestellt, dass ihr messerscharfer Verstand und ihr großer Wille herausragend seien. Die Ärztin würdigt die Haltung der Kranken, die ihr den größten Respekt abverlange. Sie betont, dass auch ein Verbleiben auf dieser Station möglich sei, dass sie aber einsehe, Hilde wolle zu Hause sterben. Dies sei ihrer Meinung nach, trotz der abnehmenden Kräfte, aufgrund der Willensstärke Hildes auch möglich. Die Ärztin glaubt daran, dass Hilde es schaffen werde, dort zu sterben, wo sie es wolle.

Ihrerseits arbeitet auch die Ärztin in einer Art und Weise, die uns Respekt einflößt. Endlich einmal, ganz am Ende der häufigen, kurzen oder langen Krankenhausaufenthalte und Arztbesuche, wird alles dafür getan,

den kranken Menschen in den Mittelpunkt aller Anstrengungen zu rücken und die Wünsche der Patientin
so weit wie möglich zu erfüllen. Dies geschieht ruhig,
ohne Aufhebens, mit einer beeindruckenden und unge-
wohnten Selbstverständlichkeit. Nun wird gemeinsam
überlegt und alles dafür getan, um den letzten Willen
der todkranken Patientin zu erfüllen. Es klingt unpas-
send, aber dies ist tatsächlich fast ein beglückendes
Erlebnis für Hilde, für mich und auch für unsere zahlreichen Freunde.

Alle erforderlichen Maßnahmen müssen dementsprechend geplant und eingeleitet werden. Wir lernen,
dass ein Montag für die Ausführung dieser Pläne geeig-
neter als ein Freitag oder Samstag sei, weil vor und
während des Wochenendes nicht alle Helfer zur Verfügung stünden. Bett, Atemgerät, medizinische Hilfsmittel, Medikamente werden nach Hause geliefert. Die
Fachleute kommen nach Hause und weisen mich an, die
Geräte richtig zu bedienen. Ich unterschreibe Dutzende
von Lieferscheinen und sammle die mir zur Durchsicht
hinterlegten Gebrauchsanweisungen. Hilde soll im
Wohnzimmer gebettet werden. Vor dem Fenster wird
das Bett so aufgestellt, dass sie sowohl einen Blick nach
draußen auf die Straße werfen als auch in der anderen
Richtung das Innere des Zimmers überblicken kann.
Beides ist für die bettlägrige Person wichtig, und es

zeigt sich, wie sinnvoll diese Anordnung ist. Die Besucher werden von meiner Frau gesehen und beim Betreten des Zimmers mit Blicken empfangen, und umgekehrt wissen unsere Besucher auf den ersten Blick, wohin und an wen sie sich wenden sollen. In der Tat schafft Hilde es, am Montag nach Hause gebracht zu werden, um hier bald sterben zu können.

14. / 15. Juni 2012

Wir sind zu Hause. Während des vormittags klingelt es, und es kommt K., eine der Phyiotherapeutinnen. Hilde hatte jede der drei Physiotherapeutinnen gerne um sich gehabt, und umgekehrt waren diese ohne jeden Zweifel gerne auch zu Hilde gekommen. Vor ein paar Tagen war ein Termin vereinbart worden, aber K. konnte nicht wissen, dass dieser Termin inzwischen überholt ist, weil meine Frau im Sterben liegt. Wahrscheinlich habe ich es versäumt, die Therapeutinnen über die Lage zu informieren und den Termin abzusagen. Einige Freunde sind schon früh am Morgen gekommen und halten sich im Wohnzimmer auf. K. sieht die neue Ordnung im Zimmer, nähert sich dem Bett und spricht zu Hilde, die ruht oder schläft oder seit dem Morgen anscheinend nicht das Bewusstsein erlangt hat. Sie spricht mit ihr, als ob sie wach sei. Sie unterhält sich mit ihr, beginnt ihre Behandlungen, massiert sie an den Beinen und nimmt die Hände der Kranken in ihre Hände. Obwohl K. unverrichteter Dinge hätte weggehen können, bleibt sie und schenkt Hilde im Gegenteil ein ungewöhnliches, unerwartetes Maß an Ehrfurcht, Achtung und Dankbarkeit. Niemand von uns hatte es erwartet. Diese junge Frau widmet sich vor unseren Augen der Kranken mit einer wunderbaren, engelhaften Haltung, und vielleicht, mit

einem irrsinnig kleinen Rest einer Möglichkeit, spürt Hilde tatsächlich noch etwas von diesem Geschenk von Gefühl, Gespräch und Berührung und nimmt es wahr. Sollte dies so sein, so wäre dies ein unerhörter Triumph, ein Triumph gegenüber jeglicher Wahrscheinlichkeit, gegenüber jeglicher finanzieller Berechnung, gegenüber jeglicher distanzierenden Sachlichkeit. Ich habe daraus gelernt, bei wichtigen Zielen nicht aufzugeben und gegen die Hoffnungslosigkeit anzugehen. Man muss wenigstens den Versuch wagen, die Möglichkeit zu nutzen, so winzig sie auch sei. In diese Unentschiedenheit der Sachlage fügt sich Susannes Bemerkung ein, Hildes letzte Worte an sie wären gewesen:
„Ich krieg noch alles mit. Hast Du Panik bekommen?"

Unsere Freundin S. besucht uns. Sie und ihr Ehemann, beide Ärzte, haben uns in den zurückliegenden Monaten häufig besucht, sogar zu abendlichen oder nächtlichen Zeiten. Sie haben Hilde nach ihren Kräften unterstützt, ihr Wissen beigesteuert, Untersuchungen ermöglicht, die Wartezeiten so gut es ging verkürzen lassen und mit den Kollegen in den Krankenhäusern gesprochen. So wie Hilde es einmal ausdrückte, ist S. nicht nur eine gute Freundin, sondern auch eine gute Ärztin. Leider reicht auch ihr Bestes nicht aus, um die Krankheit zu stoppen. So sitzen wir im Wohnzimmer, und Hilde liegt daneben im Bett.

Dieser Tag ist Hildes letzter vollständiger Lebenstag. Ich weiß nicht, ob sie an diesem Tag ein einziges Mal das Bewusstsein erlangt hat. S. weiß und ich ahne es, dass Hilde, die vor wenigen Tagen von der Palliativstation nach Hause gebracht worden ist, voraussichtlich nicht mehr lange leben wird. S. erzählt mir, dass ein genauer Todeszeitpunkt nicht vorherzusagen ist und dass Hilde durchaus noch wochenlang leben könne, dass dies aber unwahrscheinlich sei. S. ist zu diesem Zeitpunkt eine kenntnisreiche, einfühlsame, unbezahlbar wertvolle Freundin. Sie erklärt mir, worauf ich zu achten habe und woran ich erkennen kann, dass bald der Tod eintreten wird. S. und ich sitzen im Zimmer gemeinsam mit dem schlafenden, todkranken Menschen, auf den diese Hinweise bezogen sind und der seinerseits wiederum mit dieser, mir gegenübersitzenden Gesprächspartnerin befreundet ist, die mir gerade erklärt, wie ich bei diesem Menschen den Tod feststellen kann. Die Verrücktheit kennt keine Grenzen.

Wir unterhalten uns stundenlang über Gott und die Welt, über schwierige Themen mit unlösbaren Problemen in einer unaufgeregten, ruhigen Art. Ich versuche ihr klarzumachen, dass ich keine Angst mehr kenne, weil doch nichts schrecklicher sein könne als das Sterben des mir so nahen Menschen. Was sollte mir jetzt Angst einjagen können? Ich habe keine Angst

mehr vor ganz alltäglichen Dingen, keine Angst vor kaltem Wasser, vor Spinnen, vor Ekel, aber auch keine Angst vor Schmerzen, Unfällen, Unglück, keine Angst vor Versagen, Blamage oder Mißerfolg. Meine Gesprächspartnerin versteht mich nicht vollständig. Sie hat ein anderes Verständnis als ich von dem, was hier und jetzt geschieht. Sie kann nicht bis zum Ende nachvollziehen, was ich hier sehe und was es für mich bedeutet. Sie verbringt gemeinsam mit mir diese Stunden an demselben Ort, kann meine letzten Erfahrungen aber nicht mit mir teilen. Wir konzentrieren uns und wir kommen zu unterschiedlichen Schlussfolgerungen. Ich spüre, dass hier eine Trennung besteht, die letztlich nicht aufzuheben ist. Aber ich freue mich, die Freundin und Ärztin bei mir zu haben und meine Frau daneben schlafend zu wissen.

Kurz vor Mitternacht muss auch S. zu ihrer Familie nach Hause gehen, und ich bleibe bei Hilde, sitze noch eine geraume Zeit neben dem Bett, sehe auf den regelmäßig atmenden Menschen, bin mir gar nicht bewusst, was bald geschehen wird, friere ein wenig und lege mich im Zimmer auf dem Sofa schlafen. Als, wie von unserer Freundin vorhergesagt, das Atmen hörbar rasselnd sich verstärkt, handele ich so, wie es abgesprochen ist. Ich gebe noch einmal eine lindernde Spritze in den Bauchbereich, was mich überhaupt keine Überwindung kos-

tet. Ich erinnere mich daran, dass das Benetzen der Lippen mit einem feuchten Lappen Linderung verschafft, und hoffe, damit geholfen zu haben. Nach wenigen Stunden Schlaf auf dem Sofa im kühlen Zimmer wache ich auf und merke, dass es still ist und Hilde nicht mehr atmet. Der Mund ist halb geöffnet. Hilde ist gestorben, sie ist jetzt tot.

Wenn dies der Übergang vom Leben zum Tod ist, dann ist er ganz schleichend, dann gab es keinen Kampf, kein Sichwehren, kein Brüllen, keinen Aufschrei, kein Zucken, keinen schwer erkämpften Sieg des Tumors. Das Sterben war für Hilde keine sichtbare Qual. Ich habe diesen Übergang von Leben in Tod, von nur noch restlichem, schwer von Krebs gezeichneten Leben zum offensichtlich sanft eingetretenen Tod nicht verfolgt, ich weiß gar nicht, wann genau der Tod eingetreten ist, ich weiß gar nicht, ob dies der Tod ist, und ich weiß gar nicht, was den Tod ausmacht. Ich denke daran, dass dies der unfassbare Augenblick sein soll, dass gerade die unüberbrückbare Trennung vollzogen sein soll, dass man darauf warten würde und doch diesen Moment so lang wie möglich hinausschieben möchte. Danach wäre alles anders. So habe ich es gelesen, so habe ich es von anderen gehört. Aber ich vermag kaum einen Unterschied zwischen Leben und Tod fühlen. Ich finde es merkwürdig, dass sie jetzt tot ist oder jetzt tot sein soll

und es vorher nicht war. Oder aber kann es sein, dass sie schon vorher tot war und jetzt bloß nicht mehr atmet? Oder lebt sie jetzt noch trotz fehlenden Atmens in irgendeiner Form, so wie sie vorher gelebt hat? Das Aufhören des Atmens kann doch nicht den Unterschied ausmachen, da bin ich mir sicher, das kann nicht der Beginn des Todes sein. Wann stirbt der Mensch, wann lebt er noch, wann ist er tot? Und obwohl ich doch anwesend bin, obwohl ich neben ihr gelegen habe, kann ich gar nichts beurteilen. Ich bin bei Bewusstsein, aber ich weiß nichts.

So unwichtig es auch sein mag, aber ich bin nicht geschockt, sondern ruhig. Ich wurde und bin vorbereitet, und deshalb bin ich bei der Sache und weiß, was zu tun ist. Ich rufe die Schwester mit der mir am vorherigen Abend mitgeteilten Telefonnummer an. Es ist nach Mitternacht, aber noch weit vor dem morgendlichen Berufsverkehr. So ist es draußen noch dunkel und ruhig. Die Schwester wird in einer halben Stunde kommen. Auch sie ist ruhig, fragt mich nach dem Werdegang des Sterbens, sieht sich die Tote an und blickt sie, selbst wiederum beruhigt, fast zärtlich an. Wir beide säubern das Bett und kleiden Hilde neu ein und gönnen der Toten Sauberkeit und Ruhe. Die Schwester ist wunderbar ehrerbietig meiner Frau gegenüber und zeigt Würde und eine Art von Gelassenheit. Ich spüre, dass wir uns

angemessen verhalten. So muss es sein, so sollte es sein. Ich bin dankbar.

Ich überlege, wie ich es Johanna sagen werde, dass Hilde tot ist. Ich lasse Johanna schlafen und gehe morgens, als sie gerade aufgestanden ist, zu ihr ins Bad. Ich sage ihr, dass Mama tot ist, und umarme sie. Johanna schreibt darüber später: „Ich war im Bett und hab geschlafen als sie starb. Papa hat mir morgens davon erzählt und ich habe lange geweint."

Die vom Krankenhaus herbeigeeilte Ärztin stellt Hildes Tod fest. Wir benachrichtigen den Hausarzt Dr. P., und Susanne und ich richten es so ein, dass er, der so lange Zeit mit solchem Einsatz sich für die Kranke und nun Verstorbene eingesetzt hat, auch kommen und den Totenschein ausfüllen soll. Dr. P. setzt also gleichsam einen Schlusspunkt durch das Ausstellen des Totenscheins. Verwirrt werde ich, als ich sehe, dass neben dem Totenschein auch die Rechnung für die gerade ausgeübte Tätigkeit liegt.

15. Juni 2012, Nachmittag

Hilde liegt im Bett, neben ihr liege ich, im hochgestellten, sauberen, frischgemachten Bett mit dem weißen, steifen Bettzeug, das eine angenehme Griffigkeit besitzt und immer zum Befühlen einlädt. Ruhig ist es hier. Noch ist es hell, es ist Nachmittag. Der Ausblick aus dem großen Wohnzimmerfenster auf die Straße reizt mich nicht.

Draußen auf der anderen Straßenseite war den aufmerksamen Besuchern nicht entgangen, dass seit einigen Tagen dort im ersten Stock ein Bett am Fenster stand, wo die weißen Kopfkissen- und Deckenteile sichtbar waren. Das höhenverstellbare Bett hat der liegenden Person bequem den vertrauten Ausblick auf die äußere Umgebung ermöglicht. In die andere Richtung hatte Hilde das ganze Innere des Zimmers überblicken können, und sie war in der Lage gewesen, schon von weitem zu erkennen, wenn jemand die Treppe heraufgekommen war, die Tür geöffnet hatte und den Raum betrat.

Jetzt liege ich neben Hilde in diesem Bett, den Kopf auf ihrem Arm. Ich bin nicht eingeschlafen, döse ein wenig, ruhe neben ihrem Körper, der still da liegt, warm, die

Arme und Hände kühl, das Gesicht blass. Ihrem Körper passe ich meinen Körper an, ich schmiege mich an, ich taste, fühle, berühre, ganz sachte, sanft, vorsichtig, leise. Ich weiß um die tiefe Narbe an der Hüfte, die fühlbaren Wunden und um die beiden, trotz spezieller Säuberungsflüssigkeit niemals zugeheilten Löcher, wo die Schläuche steckten. Ich kenne die großen blauen Flecken am Bauch, die von der Operation herrühren. Meine Nase liegt auf der Haut ihres Arms, und ich spüre jedesmal, wenn ich ausatme, meinen eigenen, von ihrem nahen Körper zurückgeworfenen Atem. Ich würde gerne den Hauch ihres Atems auf meiner Haut spüren. Ich gäbe so vieles, um ein Schnaufen oder Seufzen zu hören. Durch die vielen Medikamente war Hildes Atmen geräuschvoller geworden, selbst Atemschöpfen und Ausblasen schienen anstrengend geworden zu sein. Ich begann, ihr Schnarchen zu mögen und als ein Signal von Lebendigkeit zu verstehen. Hildes lautes, unregelmäßiges Schnarchen beruhigte mich und ließ mich gut einschlafen. Meine Kleidung ziehe ich aus und lege die Kleidungsstücke auf den Boden vor dem Bett. So spüre ich mit meinem ganzen Körper den Stoff des frischen, heute übergestreiften Schlafanzuges und die unbedeckten Teile des anderen Körpers, der etwas von der Lebendigkeit bewahrt. Mit meinen Fingerspitzen fühle ich die bloße Haut des Menschen neben mir, am Gesicht, am Hals, an ihren Armen. Ich bilde mir ein, eine

gewisse Schönheit des neben mir liegenden Körpers wahrzunehmen, auch wenn dies nun ganz nebensächlich ist. Dieses gefühlte Dasein des Menschen neben mir ist für mich ein unbeschreiblicher Genuss, wichtig ist mir diese durch nichts zu leugnende Anwesenheit Hildes.

Die Hauptsache ist etwas anderes, dass ich nämlich bei ihr sein, neben ihr liegen, sie spüren, meine Zeit neben ihr und mit ihr verbringen kann, und diese Zeit ist kostbar, ist nicht wie die übliche Zeit, die angeblich so schnell verrinnt, so unbemerkt vergeht und manchmal so nichtig und bedeutungslos ist. Es ist nämlich ein Moment eingetreten, der nur mich etwas angeht, nicht die Besucher, nicht die Freunde und Freundinnen, nicht die Verwandten, die in den vorherigen Stunden am Nachmittag hier wegen ihr gekommen waren und ihr Mitgefühl gezeigt, dabeigesessen hatten, sich unterhielten, schwiegen, oder manchmal ein wenig weinten. Vor wenigen Minuten war Johanna, unsere Tochter, ins Wohnzimmer geschlichen. Sie war während des Nachmittags in einem Zimmer des oberen Stockwerks gemeinsam mit unserer Freundin R., die schon morgens gekommen war und bis dageblieben ist. Zu meiner Beruhigung ist Johanna also nicht alleine im Haus, aber sie wird sich gefragt haben, wo ich mich aufhalte und was ich mache. Johanna gewinnt lautlos ein Bild der

Lage im Zimmer, geht leise, vielleicht auf Zehenspitzen, zum Bett und gibt ihrer Mama einen Kuss. Ich höre es, sehe es nicht und rühre mich nicht. Ich bin dankbar für diese Geste und für diesen Kuss, ich freue mich darüber. Ich bleibe liegen, den Kopf immer noch auf Hildes Arm. Dieser Augenblick ist nur für uns da, für Johanna und für mich und für Hilde, für den Menschen neben mir, die jahrzehntelange Gefährtin an meiner Seite, die Mutter unserer zwölfjährigen Tochter, meine Lieblingin, meine Geliebte, meine Seele, mein Herz, mein Stern, meine umsichtige Hilfe, meine kluge Ratgeberin, die sie war, aber nicht mehr sein wird, zukünftig nicht mehr sein kann. Ich liege neben ihr, bin nur im Hier und Jetzt, fühle was ich nicht kenne, kann nichts mehr unterscheiden, denke nicht mehr klar, bin eigentlich nicht neben ihr, sondern mehr in ihr oder sie in mir. Ich fühle, so ist es, ich denke, so muss es sein, ich weiß, dass das reine Zusammensein mit diesem Menschen neben mir das Größte ist, das wichtigste Ziel, der stärkste Wunsch, das Erstrebenswerteste, was es in diesen Augenblicken für mich gibt. Diese Gegenwart muss ich festhalten, bewusst erleben, mitgestalten. Noch liege ich einfach neben Hilde und genieße die letzte Zeit neben dem Schatz meines Lebens. In Zukunft wird es keinen derartigen Augenblick mehr geben können, denn dieser an meiner Seite liegende, mir von allen Menschen vertrauteste Mensch ist tot, vor einigen

Stunden gestorben. Bald in der Abendstunde werden die Bediensteten des Bestattungsinstituts kommen, den Körper in einen Sarg legen und mitnehmen.

Auf einmal wird das Leben kostbar. Noch einmal die Sonne aufgehen und die Farbe des Himmels sehen, noch einmal bei den Freunden und inmitten der Menschen sein, die man mag, noch einmal mit Frau und Kind eine gemeinsame Zeit erleben. Alles gäbe ich hin für einen Tag Zusammensein, der nicht mehr möglich ist, weil die Frau tot ist. Jetzt, wo alles durch den Tod entschieden ist, gäbe ich für die Unmöglichkeit alles hin, das ganze Geld, Haus, Auto, Besitz, alle Dinge, alles Gekauftes, aber es ist eben nicht mehr möglich. Ich habe es vorher geahnt, dass für einen geschenkten späteren Augenaufschlag, für einen aufgeschobenen, gemeinsam verbrachten Morgen, für die Gnade eines miteinander verbrachten Abends jeglicher Reichtum hingegeben werden kann. Natürlich weiß ich, dass es sich nicht so verhält wie im Märchen oder im Film: der Engel erscheint auf der Erde und teilt mit, der Himmel hätte aus Versehen einen Menschen zu sich geholt und die Verstorbene dürfte wenigstens für eine gewisse Zeit zur Erde zurückkommen und dort weiterleben, oder der Teufel oder sonstwer gibt einem verstorbenen Erdling eine zweite zeitlich begrenzte Lebensspanne oder ähnliches. Das ist eben Kitsch, das ist Betrug, das ist eine

List. Aber man kann sich tatsächlich vor dem Eintritt des Todes die Unmöglichkeit der Wiederkehr der Verstorbenen nicht vorstellen. Man kann diese Unmöglichkeit und ihre Auswirkungen durchdenken, sich darauf vorzubereiten versuchen, theoretisch wissen, aber man muss sie selbst erleben – und das Durchleben dieser Unmöglichkeit ist schrecklich.

Ende Juni 2012

Die Beerdigung findet vierzehn Tage später statt. Wie immer hilft mir Susanne bei den Vorbereitungen, beim Gang zum Beerdigungsinstitut, bei der Auswahl der Kränze und Blumen, beim Verfassen der Anzeigen usw. Die Kleiderfrage wird zufriedenstellend geklärt, schwarze Trauerkleidung wird nicht vorgeschrieben. Wir legen die Speisenfolge für die gemeinsame Feier fest, die nach der Beerdigung in einem nahegelegenen, zu Fuß zu erreichenden Restaurant stattfindet.

Die meisten der Freunde und engen Verwandten wollen und können zur Beerdigung kommen. Der Platz vor der Trauerhalle des Friedhofs füllt sich mit den Freunden und unseren wenigen Verwandten. Eine einzige Person, so bemerke ich im Augenwinkel, hält ein Handy am Ohr und telefoniert. Zwei Freunden wird die Gelegenheit gegeben, vor der Menge in der Halle zu sprechen. Ich erinnere mich nicht mehr daran, ob nicht sogar Hilde den Wunsch geäußert hatte, dass diese beiden Freunde und der Pfarrer Dr. F. sprechen sollten. Der Pfarrer hatte mich vor einer Woche besucht und seine Bereitschaft bekundet, die Predigt zu halten und die Beerdigung durchzuführen.

Unser Freund W. kennt Hilde seit Jahrzehnten, aus der Studienzeit. Wir sind häufig mit W. und seiner Familie gemeinsam in den Urlaub gefahren und haben viel Zeit miteinander verbracht. W. spricht klar und würdigt die Verstorbene und schildert die langandauernde Freundschaft zwischen uns:

„Wir alle sind froh und dankbar, mit Hilde befreundet gewesen zu sein, viele Jahre mit Hilde verbracht zu haben – eine Zeit, zu der auch die letzten 15 Monate gehörten. Hilde hat ihr Leben, so wie es war angenommen, ein Leben, zu dem auch der frühe Tod der Mutter gehörte, der Tod des Vaters und der Schwester – und auch die eigene Krankheit, der Schmerz und der Tod. Hilde hat ihr Leben, so wie es war angenommen und sie hat auch ihren Tod angenommen."

Unser Freund G., der eine ebenso lange Zeit mit Hilde befreundet ist und sie seit den Studienzeiten kennt, hält danach eine andersgeartete Rede, ebenso bewegend und eindrücklich. Der Sprechende vermag es kaum, an sich halten, Schluchzer und Tränen zu vermeiden und seine Rede zu beenden. Wir Zuhörer empfinden diese Art von Trauer als passend und zittern mit. Der Pfarrer wendet sich zu meiner Überraschung mehrere Minuten lang ausführlich an Johanna, die in der ersten Reihe zwischen mir und ihrer etwa gleichaltrigen Freundin A. sitzt, die ihren Vater schon vor einigen Jahren verloren

hat. Er nimmt das Kind ernst, spricht mit Freundlichkeit und voller Konzentration zu ihm und stellt es ausdrücklich in den Mittelpunkt der Ansprache. Der Pfarrer spricht Johanna Mut für die Zukunft zu und verpflichtet gleichzeitig uns Erwachsene, innerhalb dieser schwierigen Verhältnisse für das Kind zu sorgen. Ich stehe unter dem Eindruck, dass sich ein starkes Gemeinschaftsgefühl unser bemächtigt. Wir sind sicher, dass Hilde sich über die offensichtlich gezeigte Aufrichtigkeit der Äußerungen und Gefühle gefreut hätte, wenn sie die Beerdigung hätte miterleben können.

Juni / Juli 2012

Während der folgenden Tage stehe ich unmittelbar unter den Eindrücken von Tod und Beerdigung. Ich sichte die eingegangenen Karten und Schreiben. Ein Kollege, der Hilde wegen geschäftlicher Belange in der Galerie aufsuchen wollte und sie unerwartet schwererkrankt im Wohnzimmer vorfand, schreibt mir spürbar bewegt nach Erhalt der Todesnachricht:

„Ich hatte mit Ihrer Frau bei meinem letzten Besuch noch gesprochen. Sie war da von einer Klarheit und sprach ganz offen über ihre Krankheit. Diese Klarheit war für mich so unglaublich in die Zukunft gerichtet, dass es fast schwieriger für mich als Zuhörer war, mit dem Thema umzugehen als sie es von sich aus tat. Sie sagte auch, dass sie das Heranwachsen ihrer Tochter wohl nicht mehr erleben würde, aber sich keine Sorgen machte, weil sie wüßte, dass Sie das dann übernähmen. So optimistisch blickte sie nach vorn, obwohl ihr klar war, dass ihre Zeit ablief. Als ich damals nach B. zurückfuhr, brauchte ich erstmal eine Weile verstehen zu können, wie Ihre Frau die Kraft aufbringen konnte, in Angesicht des eigenen Vergehens die Zukunft ihrer Familie mit soviel Sicherheit und Gottvertrauen zu sehen."

Von zwei Freunden erhalte ich einen Brief mit der folgenden einfühlsamen Schilderung und empfinde Trauer und Freude beim Lesen:

„Es war eine großartige Zeit, und von ihr ist unser Bild von Hilde geprägt: witzig, schlagfertig, blitzgescheit, großzügig und herzlich, hilfsbereit, zupackend und optimistisch und mit wachen, offenen Augen auf die Welt und auf ihre Mitmenschen blickend."

Es gibt weitere schöne Momente. Ich suche unseren Hausarzt Dr. P. auf, bedanke mich für die geleistete Hilfe und beichte ihm, während ich im Zimmer vor seinem Schreibtisch sitze, dass ich immer noch das schreckliche Bild der Rechnung neben dem Totenschein vor Augen hätte. Er entschuldigt sich, dies sei ein Missverständnis gewesen, die Rechnung hätte nicht dahingehört. Er wiederholt, diese Angelegenheit sei schiefgelaufen, dies hätte er nicht gewollt. Er erhebt sich, kommt auf mich zu, und wir liegen uns in den Armen, der vortreffliche Hausarzt und ich, und sind beide nahe daran zu weinen.

Juli / August 2012

In den folgenden Wochen müssen zahlreiche Formalitäten geklärt werden. Meine Arbeitsstelle im Auktionshaus gebe ich auf. Nach zwanzig Jahren kündige ich meine Arbeitsstelle. Ich habe mich nicht krankschreiben lassen, sondern erkläre meinem mir gegenübersitzenden Chef, wie die Lage ist und was für Absichten und Ziele ich verfolge. Er zahlt mir wenige Monatsgehälter weiter, und ich nehme mir noch den restlichen Urlaub, so dass ich Zeit finden kann, die beruflichen Veränderungen vorzubereiten und die Galerie zu übernehmen. Wir trennen uns gütlich und letztendlich in gegenseitigem Respekt.

Auf mehreren Ämtern muss ich vorstellig werden. Mehrmals werde ich zum Amtsgericht / Familiengericht eingeladen, um das Testament beglaubigen lassen, ein Verzeichnis des Nachlasses mit Angaben zu dessen Wert auszufüllen, einen Bogen mit Fragen zum Kind zu beantworten usw. Eine Halbwaisenrente für Johanna ist bei der Deutschen Rentenversicherung zu beantragen. Beim Gewerbeamt melde ich das Gewerbe an bzw. um. Das bisherige Bankkonto kann nicht übernommen werden. Es muss umgeschrieben werden, und im gleichen Zug muss auch neues Briefpapier mit den veränderten

Daten in Auftrag gegeben werden. Meine Frau war Geschäftsfrau, dementsprechend sind zahllose die Galerie betreffenden Formalitäten zu ändern. Der Kombi muss auf meine Person umgemeldet werden. Fast sämtliche Versicherungsverträge müssen gekündigt oder umgeschrieben werden. Jedesmal erhalte ich von den Versicherungen Briefe, die an meine Frau gerichtet sind. Auf meine Nachfrage, dass der Adressat verstorben sein und weshalb sein Name nicht geändert werde, erhalte ich die Antwort, dass auf diese Weise sichergestellt sei, der Brief werde an die richtige, zuständige Adresse gelangen. Ich werde noch während der kommenden Monate Post erhalten, adressiert an meine Frau. Eine Ausnahme bildet eine Krankenversicherung, die ihre Post „An die Hinterbliebenen von …" richtet. Diese Anschrift weist darauf hin, dass dort jemand beim Absenden des Briefes nachgedacht hat.

Zu derselben Zeit werden die während Hildes Krankheit ausgeliehenen Hilfsmittel wieder abgeholt. Das Bett wird wieder zerlegt und in einen Kleinlaster verfrachtet. Matratze, Leihrollstuhl, Beatmungsgerät werden ordnungsgemäß zurückgegeben. Nach einigen Wochen werfe ich den fahrbaren Toilettenstuhl auf den Müll. Diese Entsorgung ist vorschnell. Ich hatte mir nicht vorstellen können, dass ein länger als ein Jahr benutzter Toilettenstuhl wiederverwendet würde. Auf diesen

Irrtum hin wird mir von Seiten der Versicherung eine Rechnung ausgestellt, die ich zügig begleiche. Weil Hilde zahlreiche, erforderlich gewordene Krankenfahrten mit dem Sondermietwagen einschließlich des Rollstuhltransports bewilligt worden waren, erhalte ich häufig Versicherungspost. In den entsprechenden Schreiben wird folgende Berechnung mitgeteilt: „Die Zuzahlung für die erste Hin- und letzte Rückfahrt je Behandlungsserie beträgt 10 % der Kosten, mindestens aber 5,00 € und höchstens 10,00 €". So erreichen mich mehrmals in der Woche mit gesonderter Post Rechnungen in Höhe von 5 € oder 10 € über in Anspruch genommene Fahrten. Im Gegensatz dazu kostete das vor wenigen Monaten gekaufte Hörgerät viel Geld. Immerhin hat Hilde es genutzt, und sie war dadurch imstande, Unterhaltungen zu verfolgen und daran teilzunehmen. Dem Hörakustiker gebe ich das teure, kaum gebrauchte mehrkanalige Hörgerät ohne irgendwelche finanzielle Entschädigung wieder zurück.

Währenddessen ist die Galerie geöffnet. Susanne arbeitet verstärkt in der Galerie. Ich kann ihr für die in der Vergangenheit geleistete Mitarbeit und Unterstützung nicht genug danken und freue mich auf die zukünftige Zusammenarbeit. In der Schulferienzeit darf Johanna mit unseren Freunden C. und W. und ihrem Sohn N. nach Südfrankreich reisen. Ich werde sie nach einer

Woche dort besuchen und nach einigen Tagen wieder abholen und nach Hause bringen.Wenn die Schule wieder anfängt, wird der Alltag vollends seinen Einzug halten – so glaube ich.

In der als geruhsam geltenden Sommer- und Ferienzeit gibt es im Unterschied zu den vorhergegangenen Monaten nun keine Arzt- und Krankenhaustermine. Es sind zahllose nervige und nervenaufreibende Termine, um der veränderten Lage gerecht zu werden und die geschäftlichen und privaten Angelegenheiten zu regeln. Es gibt viel zu tun, vieles muss erledigt werden, ich bin beschäftigt, ich bin geschäftig, eine gewisse Atemlosigkeit befällt mich.

Es ist alles, alles geregelt.

Ende 2012

Der Alltag hat unzweifelhaft Einzug gehalten. Unerwartet hält er Tücken für mich bereit. Der Anblick rollstuhltransportierender Kleinlaster beunruhigt mich, und die Unikliniken von K. oder M. werden von mir weiträumig umfahren.

Im Treppenhaus bemerke ich Hildes Mantel, den sie jedes Mal auf der Fahrt zur Chemotherapie übergezogen hat. Er hängt noch Wochen nach der Beerdigung an der Garderobe an derselben Stelle, wie selbstverständlich, unberührt und unbewegt. Jetzt erst wird mir bewusst, dass er immer noch dort ist, und ich beabsichtige, ihn nach oben in den Kleiderschrank zu bringen. Ich sehe den Mantel, nähere mich ihm, berühre ihn und fühle, dass in einer Tasche der Labellostift ist, mit dem sie vor jedem Transport über ihre Lippen gegangen war. Mich überfällt ein Gefühl wie eine Ohnmacht. An den folgenden Tagen öffne ich die Kleiderschränke und bringe an einem Nachmittag Hildes Kleidungsstücke zur Kleiderkammer der Kirche.

Beim Aufräumen im Wohnzimmer finde ich in einer mit allerlei Kram gefüllten Schale einen Briefumschlag. Adressiert ist er an Johanna. Als ich ihn in meine Hände

nehme, bemerke ich, dass er etwas enthält und noch ungeöffnet ist. Ich drehe ihn um und lese den Absender: „Hilde (Mama) im Himmel". In mich fährt ein Schrecken.

Alle äußeren Schwierigkeiten, so habe ich bisher erfahren, sind zu bezwingen. Alles scheint seinen geregelten Gang zu gehen. Von außen gesehen läuft es bei mir sogar reibungslos: die Galerie wird weitergeführt, Johanna geht in die Schule, ich lasse mich in der Öffentlichkeit blicken und besuche Freunde und gehe auf Feste. Aber alle diese Äußerlichkeiten haben für mich an Bedeutung verloren, sie sind zweitrangig. Niemand kann es sehen, dass dieser geregelte Alltag in den Hintergrund meiner Interessen, Gefühle, Erlebnisse und Planungen gerückt ist. Das Verhältnis der Außenwelt zu meinem Innenleben hat sich grundlegend verändert. Ich spüre die Macht meiner inneren Welt, die mich zwar nicht gänzlich unempfindlich, aber doch gänzlich unerschrocken gegenüber der Außenwelt macht. Mein Inneres wirkt auf mich so stark, dass es den Hauptbestandteil meiner Wirklichkeit bildet und die äußere Wirklichkeit nur einen Bruchteil meines Daseins bleiben lässt. Von allergrößter Wichtigkeit sind mir nun meine Gefühle, Leidenschaften, Erlebnisse und Erfahrungen.

Auf dieses Innere muss ich Rücksicht nehmen, ich muss damit umgehen können. Meine Grundstimmung ist nicht von Trauer geprägt. In Gesprächen mit unseren Freunden G. und L. finde ich heraus, dass ich sogar eine gewisse Dankbarkeit spüre, Jahrzehnte des glücklichen Zusammenlebens mit Hilde erlebt zu haben. Aber ich bin gezwungen, nicht mehr an die Vergangenheit zu denken, sondern im Hier und Jetzt zu leben und mein Inneres darauf vorzubereiten. Die Wochenenden, Feiertage und Ferien müssen gut vorgeplant werden, ihre Leere lehrt mich sonst das Fürchten. An Wochenenden besuchen wir Freunde oder Verwandte, an Feiertagen unternehmen wir kurze Ausflüge, in den Ferien schließt sich Johanna anderen Familien an. Aber die Nächte sind nicht planbar. Jede Nacht vermisse ich Hilde: kein Atem, den ich höre, kein Berühren mit der Fußspitze oder den Händen, kein Aufwachen mit ihr neben mir. So wird jede Nacht, die früher so schön war, zu einer Reise ins Unbekannte, auf dem Sofa, auf dem Fußboden, im Bett, frühabends, nachts, morgens, im Dunkeln oder im Hellen, an einem Stück oder häufig unterbrochen, in Kleidung oder ausgezogen, nüchtern oder alkoholisiert. Ich will diese Reisen nicht erleben, die ich jetzt immer allein durchführe, aber ich bin dazu gezwungen: immerwährendes inneres Reisen, ohne Anhalten, ohne Halt, ohne Aufenthalt.

Teile der Nächte verbringe ich mit Freizeitbeschäftigungen. Meine Vorlieben haben sich eindeutig geändert. Tausendmal könnte ich „Nothing Compares to you" von Sinéad O'Connor hören, vor allem diejenige Fassung, wo sie ausgeflippt in jungen Jahren in Santiago de Chile auftritt. Ich lese „Die Brücken von Madison County" von Robert James Waller und empfinde nach, wie tief sich zwei Menschen während weniger Tage verstehen können. In „Das Versprechen" von Friedrich Dürrenmatt bewundere ich den klugen, fleißigen und unglücklicherweise allen Halt verlierenden Kommissar. Ich versinke im Anblick des Schwarzen Quadrates von Robert Fludd, das den Anfang der Schöpfung zeigt, und fühle mich den übermalten Gesichtern von Arnulf Rainer verwandt. Ich sehe mir den Film „Fearless" von Peter Weir an und beobachte, dass der Hauptdarsteller jegliche Angst verloren hat und wie er damit umgeht. In „The Broken Circle" von Felix van Groeningen verliert sich das Liebespaar, weil es das Kind verliert. „Der letzte schöne Tag" nach dem Drehbuch von Dorothee Schön zeigt die Auswirkungen des Todes der Mutter und Ehefrau auf ihre Familie. Während ich mir den Film „The Killers" ansehe, der auf eine Kurzgeschichte von Ernest Hemingway anspielt, grüble ich über die anfangs gestellte Frage: „what makes a man decide not to run ... why, all of a sudden, he'd rather die." Irgendetwas in mir warnt mich, nicht

zu übertreiben. Ich darf nicht in Selbstmitleid verfallen und einen selbstzerstörerischen Genuss darin finden, mich wie ein Ertrinkender oder ein niedergeschlagener Boxer zu fühlen.

Unausgesprochen verstanden fühle ich mich bei Schicksalsfreunden. S. hat einen seiner Söhne verloren, der nach dem Abitur mit seiner Freundin eine Weltreise unternimmt und auf einer Busfahrt in Buenos Aires tödlich verunglückt. Bei unserer Freundin C. fühle ich mich gut aufgehoben. Sie hat früh ihren Mann verloren, und einer ihrer Söhne starb an einer Kopfkrankheit. U. war schwanger, als ihr Mann an Herzversagen starb. Sie ist Alleinerziehende mit zwei Töchtern. Ein Kunde der Galerie hat seine Frau vor Jahren durch Krankheit und Tod verloren. Der gutsituierte Geschäftsmann und Sammler erzählt mir, seine beiden Kinder und er seien durch die Fragen, wie es ihnen ginge, genervt gewesen. Er hätte sich angewöhnt zu antworten: „Wie soll es mir gehen? Beschissen!"

Die Leute in meiner Umgebung verlieren mit der Zeit die Geduld mit mir. Ich werde nicht mehr ohne Hintersinn nach meinem Befinden gefragt. Ich höre die Ratschläge, das Leben ginge weiter, die Zeit würde die Wunden schon heilen, das Leben sei kein Ponyhof usw. Normalität wird von mir gefordert. Das Leben sei geil,

man dürfe nicht zu lange brauchen, um über Krankheit und Tod hinwegzukommen. Lange Zeit den Verlust zu spüren, das sei nicht hipp. Leiden und Schmerz seien ab einem gewissen Zeitpunkt vermeidbar und allenfalls in vorgeschriebenen Mengen zugelassen, alles andere künde von Unprofessionalität. Derjenige verstünde nichts vom Leben, der nicht zu alter Form zurückfände. Natürlich sei es krass, Krankheit sei nicht unser Verschulden gewesen, aber, mein Gott, man hätte es besser machen können. Die Klugen hätten das alles ganz anders angepackt, sie hätten alles schon von vornherein abgesprochen, geordnet, geplant, sie hätten gewusst, wo es langgeht. Sie haben sich schon über das Finanzielle unterhalten, über Immobilien, über zukünftige Partner, über Kindererziehung, über das weitere Leben. Es ist cool, alles schon von vornherein für die Zeit nach dem Tod geklärt zu haben. Man dürfe den anderen doch zeigen, wo es langzugehen hätte, man hätte doch schon immer gesagt, dass das Leben bekanntermaßen kein Ponyhof sei, und, sorry, aber ruhig einmal Spaß fürs Wochenende zu wünschen müsste erlaubt sein, - nicht alles so ernst nehmen.

Mir helfen die Tipps nicht. Ich werde durch sie verletzt. Ich könnte mich zurückziehen und schreien:

Ich kann nicht mehr, ich kann

nicht mehr, ich kann nicht mehr,

aber ich muss können, ich muss durchhalten.

In meinem Inneren brauche ich

Ruhe

2012 / 2013

Freunde geben mir den Rat, Hilfe zu suchen. Ich gehe zu einem Psychologen, den mir unser Hausarzt Dr. P. empfiehlt. Der Psychologe, ohne Zweifel ein kluger Kopf, legt mir dar, dass er an der Tatsache, dass meine Frau gestorben sei, leider nichts ändern könne – ich im übrigen auch nicht. Recht hat er. Ich muss versuchen, in der Zukunft diese Tatsache zu akzeptieren und mit ihr klarzukommen. Er trägt mir als eine meiner zukünftigen Hauptaufgaben auf, meiner Tochter Johanna die schönen Seiten des Lebens zu zeigen. Wiederum hat er Recht, und ich beherzige diesen Rat.

Johanna und ich fahren in den Herbstferien gemeinsam mit dem Zug nach Paris. Unsere Tochter kennt sich bald im Netz der Metro bestens aus und zeigt mir, wo es langgeht. Die Karnevalstage nutzen wir, London kennenzulernen. Zum ersten Mal in ihrem Leben reist Johanna mit dem Flugzeug, und es macht ihr Spaß, auch hier sich schnellstens im Netz der Tube zurechtzufinden. Wir erleben ein völlig anderes Verhalten der Menschen im Verkehr. Vor roten Ampeln wird nur gewartet, wenn Autos fahren. Herrscht kein Autoverkehr, überqueren die Fußgänger die Straßen, auch wenn die Ampeln Rot zeigen. Wir passen uns diesem Verhal-

ten an. „Meine" oder „unsere" Tochter findet Spaß daran, gemeinsam mit mir diese Städte zu erkunden. Ich bin unsicher: „meine", „unsere" Tochter? Ich rede oder schreibe von „unserer" Tochter, weil Johanna unser Kind ist. Aber dieses besitzanzeigende Fürwort verweist mich sofort an Hilde, die fehlt. Spreche ich von „meiner" Tochter, dann merke ich, dass ich Hilde sprachlich ausgrenze, wobei ich mich unwohl fühle. Schon diese Kleinigkeiten lassen mich verrückt werden.

Johannas Vorsorgetermine im Kinderkrankenhaus nehmen wir weiterhin wahr. Die Darmerkrankung wirkt sich auf Johanna glücklicherweise nicht unangenehm aus, aber die Entzündung ist nicht verschwunden. Täglich morgens und abends muss Johanna eine spezielle Medizin einnehmen. Möglicherweise wird diese Krankheit Johanna das ganze weitere Leben begleiten. Der freundliche Krankenhausarzt hat auf mein Nachfragen hin uns eine Psychologin empfohlen, zu der Johanna während einiger Monate in loser Folge geht. Passenderweise hat die Psychologin eine Abteilung für erkrankte Kinder im Krankenhaus mitaufgebaut und kennt sich in der Trauerbegleitung aus. Darüber hinaus nutzt Johanna jede Woche ein Angebot eines Vereins der Trauerbegleitung für Kinder und Jugendliche. Beide Angebote tun Johanna mit Sicherheit gut. Die leitenden Erwachsenen bekräftigen mit einiger Sicherheit, dass

kein ernsthafter Grund zur Besorgnis vorläge und Johanna den Tod ihrer Mutter verarbeitet hätte.

In der Schule kommt Johanna gut zurecht. Christin ist ihre Freundin und wird es voraussichtlich und hoffentlich auch noch Jahre bleiben.

Johanna und Christin mit Kaninchen Snow und Cody, 2012

Sommer 2013

In den Sommerferien fährt Johanna wie so häufig gemeinsam mit unseren Freunden C. und W. und dem inzwischen sechszehnjährigen N. auf einen Campingplatz an der Atlantikküste Frankreichs. Für mich sind Ferien immer noch nicht verlockend, ich ziehe einen arbeitsreichen Alltag einer Urlaubsreise vor. Eine Woche später nach Johannas Fahrtbeginn mache ich mich mit dem Auto auf den Weg und beabsichtige, Johanna abzuholen. Sie will nach Hause zurückkehren und hier einige Tage gemeinsam mit Christin verbringen.

Neben unserem Stellplatz auf dem nahe am Meer gelegenen Campinggelände hat eine Familie Auto und Wohnwagen abgestellt und zwei Zelte für die Kinder aufgeschlagen. Mein Blick fällt dort auf eine Frau. Ich sehe Dich. Ihre Haltung, ihr Gang, ihre Kleidung, ihr Aussehen erinnern mich an Dich. Ich blicke gerne zu ihr hinüber. Sie bemerkt es sicherlich nicht. Im anderen Fall wüsste sie nicht, warum ich hinübersehe, häufiger und länger als üblich. Am liebsten würde ich auf sie zugehen oder wie zufällig auf sie warten, mit ihr sprechen, ein paar Worte wechseln, sie irgendwie berühren. Natürlich weiß ich, dass dies nicht erlaubt ist – ich darf es nicht tun. Aber ich sehe sie, ich sehe Dich, und die Erinnerungen sind gegenwärtig.

Fast bin ich glücklich.

6. Mai 2011 9
Ende März 2011 19
30. März 2011 23
Ende März / April 2011 25
11. - 14. April 2011 31
Mitte / Ende April 2011 33
Mitte April – 10. Mai 2011 39
kurz vor 10. Mai 2011 43
10. Mai 2011 45
11. Mai 2011 49
Mai / Juni 2011 51
Mai / Juni / Juli 2011 53
Juni / Juli 2011 59
18. Juli 2011 61
Juli - September 2011 63
August 2011 65
August / September 2011 71
September 2011 77
November 2011 79
November / Dezember 2011 83
Januar 2012 87
24. Februar - 6. März 2012 97
Anfang April 2012 105
29. Mai 2012 109
Anfang Juni 2012 117
10./11. Juni 2012 125
14./15. Juni 2012 129
15. Juni 2012, Nachmittag 137
Ende Juni 2012 143
Juni / Juli 2012 147
Juli / August 2012 149
Ende 2012 153
2012 / 2013 163
Sommer 2013 169